普通高等教育“十四五”规划教材

环境监测实验与实训

主　编　夏红霞　刘菊梅
副主编　黄　浩　朱启红　谢志刚
　　　　李　强　司万童　李国强

北　京
冶金工业出版社
2023

内 容 提 要

本书是高等院校环境工程和环境科学专业的实验与实训教材。全书涵盖了环境监测实验的基本知识，环境样品的采集和保存，包括水、气、土壤在内的 18 个基础实验和 4 个综合设计性实验，以及常用相关环境质量标准，体现了环境监测实验教学的系统性、知识性、先进性和实用性，并能够培养学生独立思考、独立分析问题和解决问题的能力。

本书可作为应用型普通高等学校、高等职业学校和高等专科学校环境工程和环境科学专业实验教学用书，也可作为其他相关专业及环保技术人员的参考用书。

图书在版编目(CIP)数据

环境监测实验与实训/夏红霞，刘菊梅主编. —北京：冶金工业出版社，2023.7

普通高等教育“十四五”规划教材

ISBN 978-7-5024-9545-9

Ⅰ. ①环… Ⅱ. ①夏… ②刘… Ⅲ. ①环境监测—实验—高等学校—教材 Ⅳ. ①X83-33

中国国家版本馆 CIP 数据核字(2023)第 117155 号

环境监测实验与实训

出版发行 冶金工业出版社 **电　话** (010)64027926
地　址 北京市东城区嵩祝院北巷 39 号 **邮　编** 100009
网　址 www.mip1953.com **电子信箱** service@mip1953.com

责任编辑 夏小雪 李培禄 美术编辑 吕欣童 版式设计 郑小利
责任校对 梅雨晴 责任印制 禹 蕊
三河市双峰印刷装订有限公司印刷
2023 年 7 月第 1 版，2023 年 7 月第 1 次印刷
710mm×1000mm 1/16；10.75 印张；173 千字；162 页
定价 35.00 元

投稿电话 (010)64027932 投稿信箱 tougao@cnmip.com.cn
营销中心电话 (010)64044283
冶金工业出版社天猫旗舰店 yjgycbs.tmall.com
(本书如有印装质量问题，本社营销中心负责退换)

前　言

环境监测作为环境保护的基础工作，是推进生态文明建设的重要支撑。为适应生态文明时期对环境监测技能人才的需求，本书紧密围绕环境监测课程实验的知识体系和教学要求编写而成。全书共分为三章，第一章介绍环境监测实验的基本知识，内容包括环境监测实验用水，试剂的标准、规格、选用、保存和配制，常用器皿的性能和选用，仪器的洗涤与干燥，滤纸的性能与选用，实验过程中意外事故处理与预防，实验记录和数据处理等；第二章为环境监测实验，共介绍了 18 个实验，包括水、大气、土壤、噪声等环境要素的基本监测项目；第三章为环境监测综合型和设计型实训，共介绍了 4 个实验；附录部分为环境监测中经常使用的相关环境质量标准。

本书实验项目不仅包含单一指标的测定，还包括现场调查、监测方案制定、优化布点、样品采集、综合设计等，注重学生综合监测能力、应急处理能力和团队协作能力的培养。本书还选用了部分常见环境相关标准，以便学生在学习过程中查阅，提高学习效率。

本书可作为应用型普通高等学校、高等职业学校和高等专科学校环境类专业的实验教学用书，亦可为相关专业及环境监测部门提供技术参考，具有较强的专业性和实用价值。

本书由夏红霞、刘菊梅、朱启红等老师共同编写完成。具体分工如下：夏红霞编写第一章第一~第六节、第二章实验一~实验十二，刘菊梅编写第二章实验十三~实验十六、第三章实验十九、附录，黄浩编写第一章第八节、第九节及第二章实验十七，李国强编写第一章第七节，朱启红编写第二章实验十八、第三章实验二十，李强编写第三章实验二十一，谢志刚编写第三章实验二十二，司万童负责统稿与校正工作。

本书在编写过程中参考了有关文献资料，在此向相关作者表示感谢。由于作者水平所限，书中不妥之处敬请读者批评指正。

作 者

2023 年 3 月

目　录

第一章　环境监测实验的基本知识

学习环境监测实验，与学习其他课程一样，必须掌握其基本理论、基本知识和基本操作技术。基本知识包括与环境监测实验有关的数理化知识、环境监测理论知识、监测实验室知识，这些基本知识必须在有关课程的学习以及生产实践和科学研究工作中不断吸取和积累。本章对环境监测实验用水、实验试剂、器皿等基本知识作简要说明。

第一节　环境监测实验用水

一、环境监测实验用水要求

根据 GB/T 6682—2008《分析实验室用水规格和实验方法》的规定，分析实验室用水应为饮用水或具有适当纯度的水，并将实验室用水分为一级水、二级水和三级水三个级别。

一级水用于有严格要求的分析实验，包括对颗粒有要求的实验，如高效液相色谱用水。一级水可用二级水经过石英设备蒸馏或离子交换混合窗处理后，再通过 0. 2nm 微孔滤膜过滤来制取。

二级水用于无机痕量分析等实验，如原子吸收光谱仪用水。二级水可用多次蒸馏或离子交换等方法制取。

三级水用于一般的化学分析实验。三级水可用蒸馏或离子交换的方法制取。

评价水质等级的技术指标、不同应用领域对纯水级别的要求见表 1-1~表 1-3。

表 1-1　水质等级评价标准

指　　标	一级	二级	三级
pH 值范围（25℃）	—	—	5. 0~7. 5

续表 1-1

指　标	一级	二级	三级
电导率（25℃）/mS·m^{-1}	≤0.01	≤0.1	≤0.5
可氧化物质含量（以 O 计）/mg·L^{-1}	—	<0.08	<0.4
吸光度（254nm，25px 光程）	≤0.001	≤0.01	—
蒸发残渣含量（105℃±2℃）/mg·L^{-1}	—	≤1	≤2
可溶性硅含量（以 SiO_2 计）/mg·L^{-1}	<0.01	<0.02	—

表 1-2　不同应用领域对纯水级别的要求

应用领域	纯水级别	相关参数
高效液相色谱（HPLC） 气相色谱（GC） 原子吸收（AA） 电感耦合等离子体光谱（ICP） 电感耦合等离子体质谱（ICP-MS） 分子生物学实验和细胞培养等	一级水	电阻率：>18.0MΩ·cm TOC 含量：$<10\times10^{-9}$ 热原：<0.03Eu/mL 颗粒含量：<1units/mL 硅化物含量：$<10\times10^{-9}$ 细菌含量：<1clu/mL pH 值：NA
制备常用试剂溶液 制备缓冲液	二级水	电阻率：>1.0MΩ·cm TOC 含量：$<50\times10^{-9}$ 热原：<0.25Eu/mL 颗粒：NA 硅化物：$<100\times10^{-9}$ 细菌：<100clu/mL pH 值：NA
冲洗玻璃器皿 水浴用水	三级水	电阻率：>0.05MΩ·cm TOC 含量：$<200\times10^{-9}$ 热原：NA 颗粒：NA 硅化物：$<1000\times10^{-9}$ 细菌：<1000clu/mL pH 值：5.0~7.5

表 1-3 美国测试和材料试验学会（ASTM）、美国临床病理学会（CAP）、临床试验标准国际委员会（NCCLS）规定的水质标准

项目	ASTM			CAP			NCCLS
	一级水	二级水	三级水	一级水	二级水	三级水	一级水
比电阻 NaN@25℃/MΩ	>16.66	1.0	1.0	>10	0.5	0.2	>10
硅含量/mg·L^{-1}	—	—	—	0.01	0.01	0.01	0.05
重金属含量/mg·L^{-1}	—	—	—	0.01	0.01	0.01	—
高锰酸钾氧化时间/min	60	60	60	60	60	60	—
钠含量/mg·L^{-1}	—	—	—	0.1	0.1	0.1	—
氨含量/mg·L^{-1}	—	—	—	0.1	0.1	0.1	—
微生物含量	—	—	—	微少	微少	微少	10
pH 值	—	—	6.2~7.5	6.0~7.0	6.0~7.0	6.0~7.0	—

二、环境监测实验室常见用水的种类

（1）蒸馏水。实验室最常用的一种纯水，虽所需设备便宜，但极其耗能和费水且制水速度慢，应用会逐渐减少。蒸馏水能去除自来水内大部分的污染物，但挥发性的杂质无法去除，如二氧化碳、氨、二氧化硅以及一些有机物。新鲜的蒸馏水是无菌的，但储存后细菌易繁殖。此外，储存的容器也有要求，若是非惰性的物质，离子和容器的塑性物质会析出造成二次污染。

（2）去离子水。应用离子交换树脂去除水中的阴离子和阳离子，但水中仍然存在可溶性的有机物，可以污染离子交换柱从而降低其功效。去离子水存放后也容易引起细菌的繁殖。

（3）反渗水。其生成的原理是水分子在压力的作用下，通过反渗透膜成为纯水，水中的杂质被反渗透膜截留排出。反渗水克服了蒸馏水和去离子水的许多缺点，利用反渗透技术可以有效地去除水中的溶解盐、胶体、细菌、病毒、细菌内毒素和大部分有机物等杂质，但不同厂家生产的反渗透膜对反渗水的质量影响很大。

（4）超纯水。其标准是水电阻率大于 18MΩ·cm 或接近 18.25MΩ·cm 极限值（25℃）。但超纯水在 TOC、细菌、内毒素等指标方面并不相同，要根据实验的要求来确定，如细胞培养则对细菌和内毒素有要求，而高效液相色谱（HPLC）则要求 TOC 低。

第二节 试剂的标准、规格、选用、保存和配制

一、试剂的标准

“试剂”应是指市售包装的“化学试剂”或“化学药品”。用试剂配成的各种溶液应称为某某溶液或“试液”。但这种称呼并不严格，常常是混用的。

试剂标准化的开端源于19世纪中叶，德国伊默克公司的创始人伊马纽尔·默克（Emanuel Merck）1851年声明要供应保证质量的试剂。在1888年出版了伊默克公司化学家克劳赫（Krauch）编著的《化学试剂纯度检验》，后历经多次修订。该公司1971出版的《默克标准（Merck Standard)》（德文)，在讲德语的国家中起到了试剂标准的作用。

在伊默克公司的影响下，世界上其他国家的试剂生产厂家也很快出版了这类汇编。除了《默克标准》之外，其中比较著名的、对我国化学试剂工业影响较大的国外试剂标准有：由美国化学家约瑟夫·罗津（Joseph Rosin, 1937）首编、历经多次修订而成的《罗津（Rosin）标准》，全称为《具有试验和测定方法的化学试剂及其标准（Reagent Chemicals Standards with Methods of Testing and Assaying)》，它是世界上最著名的一部学者标准；美国化学学会分析试剂委员会编纂的《ASA规格》，全称为《化学试剂——美国化学学会规格（Reagent Chemicals——Americal Society Specification)》，类似于《ASA规格》的早期文本出现于1917年，至1986年已经修订出版了7版，是当前美国最具权威性的一部试剂标准。

我国化学试剂标准分国家标准、部颁标准和企业标准3种，《中华人民共和国国家标准·化学试剂》制定、出版于1965年，其最新的版本在1995年出版。

国家标准由化学工业部提出、国家标准局审批和发布，其代号是“GB”，即“国标”的汉语拼音缩写。其编号形式如GB 2299—1980《高纯硼酸》，表示国家标准2299号，1980年颁布。它的内容包括试剂名称、性状、分子式、分子量、实验试剂的最低含量和杂质的最高含量、检验规则、实验方法、包装及标志等。

部颁标准由化学工业部组织制定、审批、发布，报送国家标准局备案。

其代号是“HG”（化工）；还有一种是化学工业部发布的暂时执行标准，代号为“HGB”（化工部）。其编号形式与国家标准相同。

企业标准由省化学工业厅（局）或省、市级标准局审批、发布，在化学试剂行业或一个地区内执行。企业标准代号采用分数形式“Q/HG 或 Q、HG”，即“企/化工”的汉语拼音缩写。其编号形式与国家标准相同。

在这 3 种标准中，部颁标准不得与国家标准相抵触；企业标准不得与国家标准和部颁标准相抵触。

二、试剂的规格

试剂规格又称试剂级别或试剂类别。一般按试剂的用途或纯度、杂质的含量来划分规格标准，国外试剂厂生产的化学试剂的规格趋向于按用途划分，其优点是简单明了，从规格可知此试剂的用途，用户不必在使用哪一种纯度的试剂上反复考虑。

我国试剂的规格基本上按纯度划分，共有高纯、光谱纯、基准、分光纯、优级纯、分析纯和化学纯 7 种。

国家和主管部门颁布质量指标的主要是优级纯、分析纯和化学纯 3 种。

（1）优级纯，属一级试剂，标签颜色为绿色。这类试剂的杂质含量很低。主要用于精密的科学研究和分析工作。相当于进口试剂“G. R”（保证试剂）。

（2）分析纯，属于二级试剂，标签颜色为红色，这类试剂的杂质含量低。主要用于一般的科学研究和分析工作。相当于进口试剂“A. R”（分析试剂）。

（3）化学纯，属于三级试剂，标签颜色为蓝色。这类试剂的质量略低于分析纯试剂，用于一般的分析工作。相当于进口试剂“C. P”（化学试剂）。

除上述试剂外，还有许多特殊规格的试剂，如指示剂、生化试剂、生物染色剂、色谱用试剂及高纯工艺用试剂等。

三、试剂的选用

土壤理化分析中一般都用化学纯试剂配制溶液。标准溶液和标定剂通常都用分析纯或优级纯试剂。微量元素分析一般用分析纯试剂配制溶液，用优级纯试剂或纯度更高的试剂配制标准溶液。精密分析用的标定剂等有时需选用更纯的基准试剂（绿色标志）。光谱分析用的标准物质有时须用光谱纯试剂（S. P，Spectroscopic Pure），其中近于不含能干扰待测元素光谱的杂质。不含杂质的试剂是没有的，即使是极纯粹的试剂，对某些特定的分析或痕量分析，并不一定符合要求，选用试剂时应当加以注意。如果所用试剂虽然含有某些杂质，但对所进行的实验事实上没有妨碍，若没有特别的约定，那就可以放心使用。这就要求分析工作者应具备试剂原料和制造工艺等方面的知识，在选用试剂时把试剂的规格和操作过程结合起来考虑。不同级别的试剂价格有时相差很大，因此，不需要用高一级的试剂时就不用。甚至有时经过检验后，则可用较低级别的试剂，例如检查（空白实验）不含氮的化学试剂（L. R，四级、蓝色标志），或工业用（不属试剂级别）的浓 H_2SO_4 和 NaOH，也可用于全氮的测定。但必须指出的是，一些仲裁分析，必须按其要求选用相应规格的试剂。

四、试剂的保存

试剂的种类繁多，贮藏时应按照酸、碱、盐、单质、指示剂、溶剂、有毒试剂等分别存放。

盐类试剂很多，可先按阳离子顺序排列，同一阳离子的盐类再按阴离子顺序排列。

强酸、强碱、强氧化剂、易燃品、剧毒品、异臭和易挥发试剂应单独存放于阴凉、干燥、通风之处，特别是易燃品和剧毒品应放在危险品库或单独存放。试剂橱中更不得放置氨水和盐酸等挥发性药品，否则会使全橱试剂都遭到污染。

定氮用的浓 H_2SO_4 和定钾用的各种试剂溶液尤须严防 NH_3 的污染，否则会引起分析结果的严重错误。NH_3 水和 NaOH 吸收空气中的 CO_2 后，对 Ca、Mg、N 的测定也能产生干扰。开启 NH_3 水、乙醚等易挥发性试剂时须先充分冷却，瓶口不要对着人，慎防试剂喷出发生事故。

过氧化氢溶液能溶解玻璃的碱质而加速 H_2O_2 的分解，所以须用塑料瓶或内壁涂蜡的玻璃瓶贮藏。波长为 320～380nm 的光线也会加速 H_2O_2 的分解，最好贮于棕色瓶中，并藏于阴凉处。

高氯酸的浓度在 700g/kg 以上时，与有机质如纸炭、木屑、橡皮、活塞油等接触容易引起爆炸，500～600g/kg 的 $HClO_4$ 则比较安全。

HF有很强的腐蚀性和毒性，除能腐蚀玻璃以外，滴在皮肤上即产生难以痊愈的烧伤，特别是指在指甲上。因此，使用HF时应戴上橡皮手套，并在通风橱中进行操作。

氯化亚锡等易被空气氧化或吸湿的试剂，必须注意密封保存。

五、试剂的配制

试剂的配制，按具体的情况和实际需要的不同，有粗配和精配两种方法。

一般实验用试剂，没有必要使用精确浓度的溶液，使用近似浓度的溶液就可以，如盐酸、氢氧化钠和硫酸亚铁等溶液。这些物质都不稳定，或易于挥发吸潮，或易于吸收空气中的CO_2，或易被氧化而使其物质的组成与化学式不相符。用这些物质配制的溶液就只能得到近似浓度的溶液。在配制近似浓度的溶液时，只要用一般的仪器就可以。例如用粗天平来称量物质，用量筒来量取液体。通常只要一位或两位有效数字。这种配制方法称为粗配，近似浓度的溶液要采用其他标准物质进行标定，才可间接得到其精确的浓度。如酸、碱标准液，必须用无水碳酸钠、苯二甲酸氢钾来标定才可得到其精确的浓度。

有时候，则必须使用精确浓度的溶液。例如，在制备定量分析用的试剂溶液，即标准溶液时，就必须用精密的仪器如分析天平、容量瓶、移液管和滴定管等，并遵照实验要求的准确度和试剂特点精确配制。通常要求浓度具有四位有效数字。这种配制方法称为精配。如重铬酸盐、碱金属氧化物、草酸、草酸钠、碳酸钠等能够得到高纯度的物质，它们都具有较大的分子量、贮藏时稳定、烘干时不分解、物质的组成精确地与化学式相符合的特点，可以直接得到标准溶液。

试剂配制的注意事项和安全常识，定量分析中都有详细的论述，可参考有关的书籍。

第三节　常用器皿的性能和选用

一、玻璃器皿

(1) 软质玻璃：软质玻璃又称普通玻璃，主要成分是二氧化硅（SiO_2）、氧化钙（CaO）、氧化钾（K_2O）、三氧化二铝（Al_2O_3）、三氧化二硼（B_2O_3）、氧化钠（Na_2O）等。有一定的化学稳定性、热稳定性和机械强度，透明性较好，易于灯焰加工焊接。软质玻璃的线膨胀系数大，易炸裂、破碎，因此，多制成不需要加热的仪器，如试剂瓶、漏斗、量筒、玻璃管等。

（2）硬质玻璃：硬质玻璃又称硬料，主要成分是二氧化硅（SiO_2）、碳酸钾（K_2CO_3）、碳酸钠（Na_2CO_3）、碳酸镁（$MgCO_3$）、硼砂（$Na_2BO_7 \cdot 10H_2O$）、氧化锌（ZnO）、三氧化二铝（Al_2O_3）等，也称为硼硅玻璃，如我国的“95 料”、GG-17 耐高温玻璃和美国的 Pyrex 玻璃等。硬质玻璃的耐温、耐腐蚀及抗击性能好，线膨胀系数小，可耐较大的温差（一般在 300℃左右），可制成加热的玻璃器皿，如各种烧瓶、试管、蒸馏器等。但不能用于 B、Zn 元素的测定。

此外，根据某些分析工作的要求，还有石英玻璃、无硼玻璃、高硅玻璃等。

容量器皿的容积并非都十分准确地和它标示的大小相符，如量筒、烧杯等，但定量器皿如滴定管、移液管或吸量管等，它们的刻度是否精确，常常需要校正。关于校准方法，可参考有关书籍。玻璃器皿的允许误差见表 1-4。

表 1-4 玻璃器皿的允许误差

容积/mL	误差限度/mL			
	滴定管	吸量管	移液管	容量瓶
2		0.01	0.006	
5	0.01	0.02	0.01	
10	0.02	0.03	0.02	0.02
25	0.03		0.03	0.03
50	0.05		0.05	0.05
100	0.10		0.08	0.08
200				0.10
250				0.11
500				0.15
1000				0.30

二、瓷、石英、玛瑙、铂、塑料和石墨等器皿

（一）瓷器皿

实验室所用的瓷器皿实际上是上釉的陶器。因此，瓷器的许多性质主要由釉的性质决定。它的熔点较高（1410℃），可高温灼烧，如瓷坩埚可以加热至1200℃，灼烧后重量变化小，故常常用来灼烧沉淀和称重。它的线膨胀系数为（3~4）$\times 10^{-6}$，在蒸发和灼烧的过程中，应避免温度的骤然变化和加热不均匀现象，以防破裂。瓷器皿对酸碱等化学试剂的稳定性较玻璃器皿的稳定性好，然而同样不能和 HF 接触，过氧化钠及其他碱性溶剂也不能在瓷器皿或瓷坩埚中熔融。

（二）石英器皿

石英器皿的主要化学成分是二氧化硅，除 HF 外，不与其他的酸作用。在高温时，能与磷酸形成磷酸硅，易与苛性碱及碱金属碳酸盐作用，尤其在高温下，侵蚀更快，然而可以进行焦磷酸钾熔融。石英器皿对热稳定性好，在 1700℃以下不变软、不挥发，但在 1100~1200℃开始失去玻璃光泽。由于其线膨胀系数较小，只有玻璃的1/15，故而热冲击性好。石英器皿价格较贵，脆而易破裂，使用时须特别小心，其洗涤的方法大体与玻璃器皿相同。

（三）玛瑙器皿

玛瑙器皿是二氧化硅胶溶体分期沿石空隙向内逐渐沉积成的同心层或平层块体，可制成研钵和杵，用于土壤全量分析时研磨土样和某些固体试剂。

玛瑙质坚而脆，使用时可以研磨，但切莫将杵击撞研钵，更要注意勿摔落地上。它的导热性能不良，加热时容易破裂。因此，无论在任何情况下都不得烘烤或加热。玛瑙是层状多孔体，液体能渗入层间内部，所以玛瑙研钵不能用水浸洗，而只能用酒精擦洗。

（四）铂质器皿

铂的熔点很高（1774℃），导热性好，吸湿性小，质软，能很好地承受机械加工，常用铂与铱的合金（质较硬）制作坩埚和蒸发器皿等分析用器皿。铂的价格很贵，约为黄金的9倍，故使用铂质器皿时要特别注意其性能和使用规则。

铂对化学试剂比较稳定，特别是对氧很稳定，也不溶于单独的 HCl、

HNO_3、H_2SO_4、HF，但易溶于易放出游离 Cl_2 的王水，生成褐红色稳定的络合物 H_2PtCl_6。

其反应式为：

$$3HCl + HNO_3 \longrightarrow NOCl + Cl_2 + 2H_2O$$

$$Pt + 2Cl_2 \longrightarrow PtCl_4$$

$$PtCl_4 + 2HCl \longrightarrow H_2PtCl_6$$

铂在高温下对一系列的化学作用非常敏感。例如，高温时能与游离态卤素（Cl_2、Br_2、F_2）生成卤化物，与强碱 NaOH、KOH、LiOH、$Ba(OH)_2$ 等共熔也能变成可溶性化合物，但 Na_2CO_3、K_2CO_3 和助溶剂 $K_2S_2O_7$、$KHSO_4$、$Na_2B_4O_7$、$CaCO_3$ 等仅稍有侵蚀，尚可忍受，灼热时会与金属 Ag、Zn、Hg、Sn、Pb、Sb、Bi、Fe 等生成比较易熔的合金。与 B、C、Si、P、As 等造成变脆的合金。

根据铂的这些性质，使用铂器皿时应注意下列各点：

（1）铂器易变形，不能用力捏或与坚硬物件碰撞，变形后可用木制模具整形。

（2）勿与王水接触，也不得使用 HCl 处理硝酸盐或 HNO_3 处理氯化物。但可与单独的强酸共热。

（3）不得溶化金属和一切高温下能析出金属的物质、金属的过氧化物、氰化物、硫化物、亚硫酸盐、硫代硫酸盐、苛性碱等，磷酸盐、砷酸盐、锑酸盐也只能在电炉中（无碳等还原性物质）熔融，赤热的铂器皿不得用铁钳夹取（须用镶有铂头的坩埚钳），并要放在干净的泥三角架上。不可接触铁丝。石棉垫也须灼尽有机质后才能应用。

（4）铂器应在电炉上或喷灯上加热，不允许用还原焰，特别是有烟的火焰加热，灰化滤纸的有机样品时也须先在通风条件下低温灰化，然后再移入高温电炉灼烧。

（5）铂器皿长久灼烧后有重结晶现象而失去光泽，容易裂损。可用滑石粉的水浆擦拭，恢复光泽后洗净备用。

（6）铂器皿洗涤可用单独的 HCl 或 HNO_3 煮沸溶解一般的难溶的碳酸盐和氧化物，而酸的氧化物可用 $K_2S_2O_7$ 或 $KHSO_4$ 熔融，硅酸盐可用碳酸钠、硼砂熔融，或用 HF 加热洗涤。熔融物须倒入干净的容器，切勿倒入水盆或湿缸，以防爆溅。

（五）银、镍、铁器皿

铁和镍的熔点高（分别为1535℃和1452℃），银的熔点较低（961℃），对强碱的抗蚀力较强（Ag>Ni>Fe），价较廉。这3种金属器皿的表面却易氧化而改变重量，故不能用于沉淀物的灼烧和称重。它们最大的优点是可用于一些不能在瓷或铂坩埚中进行的样品熔融，例如Na_2O_2和NaOH熔融等，一般只需700℃左右，仅约10min即可完成。熔融时可用坩埚钳，夹好坩埚和内容物，在喷灯上或电炉内转动，勿使底部局部太热而易致穿孔。铁坩埚一般可熔融15次以上，虽较易损坏，但价廉还是可取的。

（六）塑料器皿

普通塑料器皿一般是用聚乙烯或聚丙烯等热塑而成的聚合物。低密度的聚乙烯塑料，熔点108℃，加热不能超过70℃；高密度的聚乙烯塑料，熔点135℃，加热不能超过100℃，它的硬度较大。它们的化学稳定性和力学性能好，可代替某些玻璃、金属制品。在室温下，不受浓盐酸、氢氟酸、磷酸或强碱溶液的影响，但会被浓硫酸（浓度大于600g/kg）、浓硝酸、溴水或其他强氧化剂慢慢侵蚀。有机溶剂会侵蚀塑料，故不能用塑料瓶贮存。而塑料容器贮存水、标准溶液和某些试剂溶液比玻璃容器优越，尤其适用于微量物质分析。

聚四氟乙烯的化学稳定性和热稳定性好，是耐热性能较好的有机材料，使用温度可达250℃。当温度超过415℃时，急剧分解。它的耐腐蚀性好，对于浓酸（包括HF）、浓碱或强氧化剂，皆不发生作用。可用于制造烧杯、蒸发皿、表面皿等。聚四氟乙烯制的坩埚能耐热至250℃（勿超过300℃），可以代替铂坩埚进行HF处理，塑料器皿对于微量元素和钾、钠的分析工作尤为有利。

（七）石墨器皿

石墨是一种耐高温材料，即使达到2500℃左右，也不熔化，只在3700℃（常压）升华为气体。石墨有很好的耐腐蚀性，无论有机或无机溶剂都不能溶解它，在常温下不与各种酸、碱发生化学反应，只有在500℃以上才与硝酸强氧化剂等反应。此外，石墨的线膨胀系数小，耐急冷热性也好，其缺点是耐氧化性能差，随温度的升高，氧化速度逐渐加剧。常用的石墨器皿有石墨坩埚和石墨电极。

第四节 仪器的洗涤与干燥

在环境监测实验中，盛放反应物质的玻璃仪器经过化学反应后，往往有残留物附着在仪器的内壁，一些经过高温加热或放置反应物质时间较长的玻璃仪器还不易洗净。使用不干净的仪器会影响实验效果，甚至让实验者观察到错误现象，归纳、推理出错误结论。因此，环境监测实验中使用的玻璃仪器必须洗涤干净。下面结合实例，说明洗涤玻璃仪器的注意点，以便达到化难为易的洗涤效果。

一、选择合适的洗涤剂

在一般情况下，可选用市售的合成洗涤剂，对玻璃仪器进行清洗。当仪器内壁附有难溶物质，用合成洗涤剂无法清洗干净时，应根据附着物的性质，选用合适的洗涤剂。如附着物为碱性物质，可选用稀盐酸或稀硫酸，使附着物发生反应而溶解；如附着物为酸性物质，可选用氢氧化钠溶液，使附着物发生反应而溶解；若附着物为不易溶于酸或碱的物质，但易溶于某些有机溶剂，则选用这类有机溶剂作洗涤剂，使附着物溶解。

试举几例：久盛石灰水的容器内壁有白色附着物，选用稀盐酸作洗涤剂；做碘升华实验，盛放碘的容器底部附结了紫黑色的碘，用碘化钾溶液或酒精浸洗；久盛高锰酸钾溶液的容器壁上有黑褐色附着物，可选用浓盐酸作洗涤剂；仪器的内壁附有银镜，选用硝酸作洗涤剂；仪器的内壁沾有油垢，选用热的纯碱溶液进行清洗。在实验室，还有专门配制的洗涤液，可供重复使用多次。

二、掌握洗涤玻璃仪器的操作方法

对附有易去除物质的简单仪器，如试管、烧杯等，用试管刷蘸取合成洗涤剂刷洗。在转动或上下移动试管刷时，须用力适当，避免损坏仪器及划伤皮肤，然后用自来水冲洗。当倒置仪器，器壁形成一层均匀的水膜，无成滴水珠，也不成股流下时，即已洗净。对附有难去除附着物的玻璃仪器，在使用合适的洗涤剂使附着物溶解后，去掉洗涤残液，再用试管刷刷洗，最后用自来水冲洗干净。一些构造比较精细、复杂的玻璃仪器，无法用毛刷刷洗，如容量瓶、移液管等，可以用洗涤液浸洗。玻璃仪器在洗涤时主要有以下几种方法。

（一）冲洗法

如图 1-1 所示，注入自来水于待洗仪器中。振荡，倒出自来水，重复几次直至洗去赃物。再用蒸馏水洗去自来水带来的钙、镁、铁、氯等离子。注意蒸馏水的用量遵循“少量多次”原则。

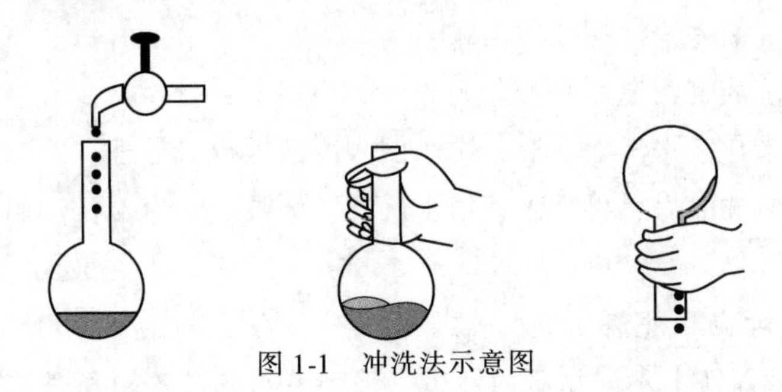

图 1-1　冲洗法示意图

（二）刷洗法

如图 1-2 所示，以少量自来水润湿仪器。用毛刷沾去污粉，刷洗（来回推拉和转动刷子）仪器，以洗去仪器上附着的尘土、可溶性物质及易脱落的不溶性物质。再以自来水清洗（洗去洗液），重复几次，直至洗去赃物。再用蒸馏水洗涤数次，直至洗净自来水带来离子为止。注意蒸馏水的用量遵循“少量多次”原则。

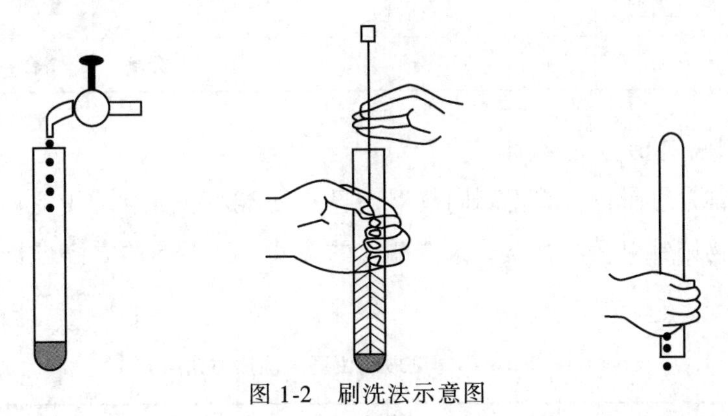

图 1-2　刷洗法示意图

（三）铬酸洗液法

铬酸洗液的组成：$K_2Cr_2O_7$(25g)+蒸馏水（50mL）+慢慢加入浓 H_2SO_4(450mL)。

铬酸洗液的性质：呈深褐色，具强酸性、强氧化性，对有机物、油污等有特强的去污力。

洗涤方法：

（1）冲洗仪器；

（2）倒尽残留的水；

（3）加入（或吸入）洗液；

（4）待洗液完全浸润仪器内壁；

（5）将洗液倒回原瓶中；

（6）吸入自来水洗除洗液，洗水倒入废液桶统一处理；

（7）洗净洗液后，再吸入蒸馏水反复洗涤数次，直至洗净自来水之离子为止。

（四）“对症”洗涤法

针对玻璃器皿上不同物质的性质，采用特殊的洗液进行洗涤，洗涤方法与铬酸洗涤法相似。下面给出一些特殊污垢的洗液（见表 1-5）。

表 1-5　一些特殊污垢的洗液种类与清洗原料

污垢类型	黏稠状有机物	煤焦油	硫黄	难溶性硫化物	铜（银）	AgCl	MnO_2
洗液	回收的有机溶剂	浓碱	煮沸的石灰水	HNO_3/HCl	HNO_3	氨水	浓 HCl
原理	溶解	乳化	分解	分解	分解	络合	分解

（五）洗涤方法的选择

就洗涤方法而言，应视不同仪器而异。仪器外壁脏物均用毛刷刷洗，而内壁的脏物则针对污垢性质，选择相应的洗液，以不同的方法进行洗涤（见表 1-6）。

表 1-6　常见玻璃仪器的洗涤方法

仪器类型	常见仪器	洗涤方法
量　器	容量瓶、移液管、滴定管、比色管	忌用：刷洗法（刷毛器壁，引起容量差异） 选用：铬酸洗液法、冲洗法
非量器	锥形瓶、烧杯等	选用：刷洗法

三、量器洗涤事例

（一）移液管的洗涤

按图 1-3 所描述的洗涤方法清洗移液管后，吸入自来水洗净洗液，再用蒸馏水洗去自来水中的离子。

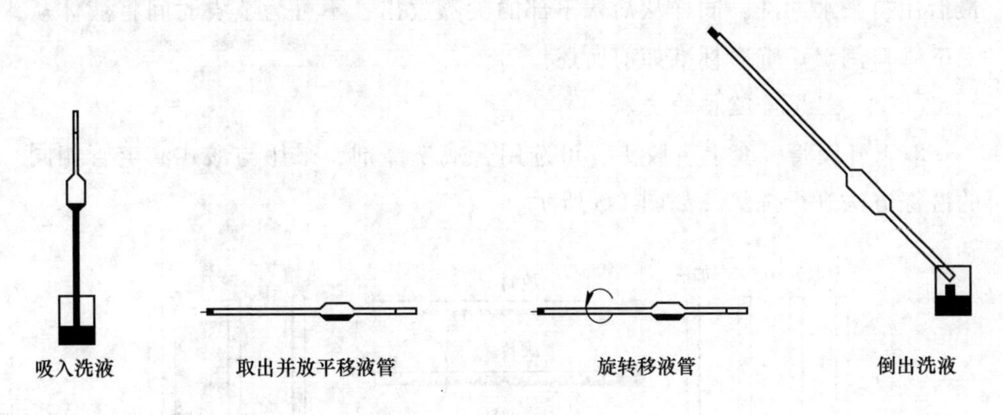

图 1-3 移液管的洗涤

（二）酸式滴定管的洗涤

按图 1-4 给出的洗涤方法清洗滴定管后，吸入自来水洗净洗液，再用蒸馏水洗去自来水中的离子。

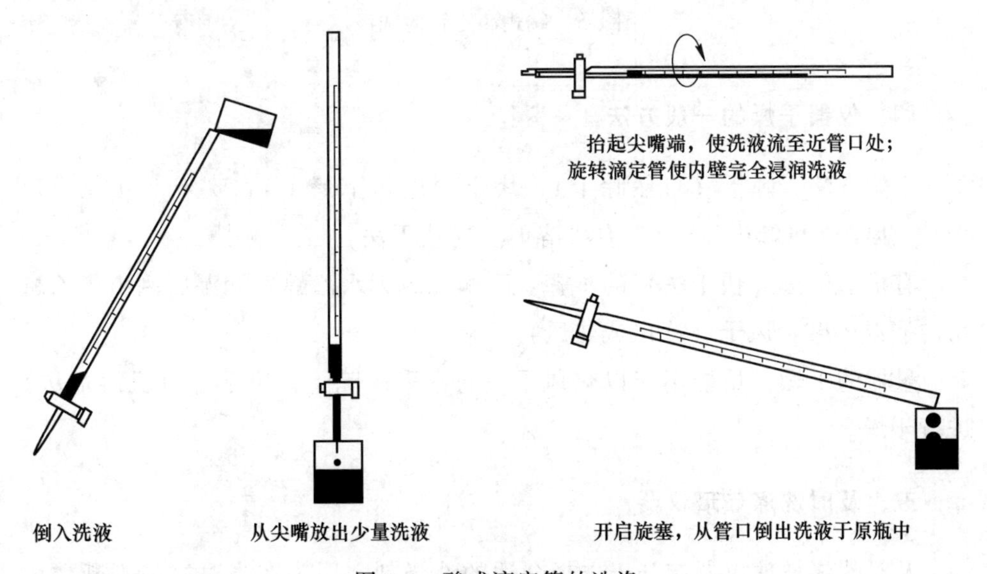

图 1-4 酸式滴定管的洗涤

洗涤开始，先检查活塞上的橡皮盘是否扣牢，防止洗涤时活塞滑落破损。注意有无漏水或堵塞现象，若有则予以调整。关闭活塞，向滴定管中注入洗涤液2~3mL，慢慢倾斜滴定管至水平，缓慢转动滴定管，使内壁全部为洗涤液所浸到。竖起滴定管，再旋开活塞，放出少量洗涤液，这样使活塞的入段也能洗到。再将滴定管倾斜，开启旋塞，将洗液从管口倒回洗液瓶中。最后用自来水冲洗，同样从活塞下部的尖嘴放出，不可为节省时间将液体从上端管口倒出。洗净标准如前所述。

（三）碱式滴定管的洗涤

取下乳胶管，套上乳胶头，可选用合成洗涤剂，采用与酸式滴定管相同的洗涤方法进行洗涤，如图1-5所示。

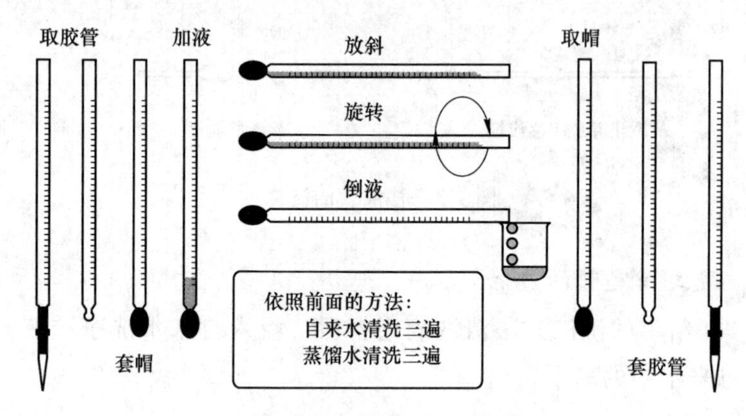

图1-5 碱式滴定管的洗涤

四、仪器干燥的一般方法

干燥方法：晾干（自然晾干）、烤干（电炉上烤干）、吹干（吹风机吹干）、烘干（烘箱中烘干）、有机溶剂法（快干法）。

有机溶剂法（快干法）的步骤：丙酮（或无水乙醇）润湿后倒出；乙醚均匀润湿内壁；风干（冷风或热风）。

量器的干燥：量器不能以热风干，通常采用晾干、快干（有机溶剂法）进行干燥。

五、及时洗涤玻璃仪器

及时洗涤玻璃仪器有利于选择合适的洗涤剂，因为在当时容易判断残留物的性质。有些化学实验，及时倒去反应后的残液，仪器内壁不留有难去除的附着物，但搁置一段时间后，挥发性溶剂逸去，就有残留物附着到仪器内壁，使洗涤变得困难。还有一些物质，能与仪器的本身部分发生反应，若不及时洗涤将使仪器受损，甚至报废。

学生实验“中和滴定”所有的碱式滴定管，使用后搁置时间一般较长，如不及时洗涤干净，残存的碱液与玻璃管及乳胶管作用，使乳胶管变质开裂，不能使用，而且乳胶管黏附到玻璃管和玻璃尖嘴根部，很难剥离更换。有学者曾试用37%的盐酸配成1∶1的溶液，将玻璃管及玻璃尖嘴上黏附的乳胶管残余物的部分浸入其中，经过一段时间，取出用自来水冲洗掉酸液，然后较易剥离干净，重新装配。虽然如此，却耗费试剂、材料和时间。

六、其他注意事项

切不可盲目地将各种试剂混合作洗涤剂使用，也不可任意使用各种试剂来洗涤玻璃仪器。这样不仅浪费药品，而且容易出现危险。

某些化学实验，如氢气还原氧化铜，反应后光亮的铜有时会嵌入试管的玻璃中，即使用硝酸并加热处理，也无法洗去。遇到这样的情况，则不必浪费药剂和时间，可考虑将试管另作他用。

环境监测中涉及的化学实验是一项严肃认真的科学实践，但它的丰富多彩，绝不逊色于任何精彩的舞台演出，这种玻璃仪器的洗涤，便往往是其优美的前奏和尾声。

第五节　滤纸的性能与选用

滤纸分为定性和定量两种。定性滤纸灰分较多，供一般的定性分析用，不能用于重量分析。定量滤纸经盐酸和氢氟酸处理、蒸馏水处理，灰分较少，适用于精密的定量分析。此外，还有用于色谱分析用的层析滤纸。

选择滤纸要根据分析工作对过滤沉淀的要求和沉淀物性质及其量的多少来决定。定量滤纸的类型、规格、适用范围见表1-7和表1-8。

定性滤纸：定性滤纸的类型与定量滤纸相同（无色带标志）。灰分含量小于2g/kg。

表 1-7　国产定量滤纸的类型和适用范围

类型	色带标志	性能和适用范围
快速	白	纸张组织松软，过滤速度最快，适用于保留粗度沉淀物，如氢氧化铁等
中速	蓝	纸张组织较密，过滤速度适中，适用于保留中等细度沉淀物，如碳酸锌等
慢速	红	纸张组织最密，过滤速度最慢，适用于保留微细度过沉淀物，如硫酸钡等

表 1-8　国产定量滤纸规格

圆形直径/cm	7	9	11	12.5	15	18
灰分每张含量/g	3.5×10^{-5}	5.5×10^{-5}	8.5×10^{-5}	1.0×10^{-4}	1.5×10^{-4}	2.2×10^{-4}

国外某些定量滤纸的类型有 Whatman 41 S. S589/1（黑带）粗孔；Whatman 40 S. S589/2（白带）中孔；Whatman 42 S. S589/3（蓝带）细孔。

第六节　实验过程中意外事故处理与预防

一、实验过程中常见意外事故处理方法

（1）割伤。取出伤口中的玻璃或固体物，用蒸馏水洗后涂上红药水，用绷带扎住或敷上创可贴药膏。大伤口则应先按紧主血管以防止大量出血，急送医院治疗。

（2）烫伤。轻轻涂以玉树油或鞣酸油膏，重伤涂以烫伤油膏后送医院。

（3）实验试剂灼伤。

1）酸：立即用大量水洗，再以3%~5%的碳酸氢钠溶液洗，最后用水洗。严重时要消毒，拭干后涂烫伤油膏。

2）碱：立即用大量水洗，再以1%~5%硼酸液洗，最后用水洗。严重时同上处理。

3）溴：立即用大量水洗，再以酒精擦至无溴液存在为止，然后涂上甘油或烫伤油膏。

4）钠：可见的小块用镊子移去，其余与碱灼伤处理相同。

（4）实验试剂或异物溅入眼内。任何情况下都要先洗涤，急救后送医院。

1）酸：用大量水洗，再以1%的碳酸氢钠溶液洗。

2）碱：用大量水洗，再以1%硼酸液洗。

3）溴：用大量水洗，再以1%的碳酸氢钠溶液洗。

4）玻璃：用镊子移去碎玻璃，或在盆中用水洗，切勿用手揉动。

（5）中毒。有毒物质溅入口中尚未咽下者应立即吐出，再用大量的水清洗口腔，如已吞下者，应根据毒物的性质给以解毒剂，可内服一杯含有5~10mL稀硫酸铜溶液的温水（硫酸铜含量为0.5%~1%），再用手指伸入咽喉部促使呕吐，并立即送医院。

（6）触电。不慎触电时，立即切断电源，必要时进行人工呼吸，找医生抢救。

（7）起火。发现起火，要立即切断电源，并果断采取适当的措施进行灭火，防止火势扩展。如果火势较大，则立即向负责人报告，视情况启动紧急预案，并拨打120报火警，同时做好及时的安全撤离准备。

二、预防事故发生的措施

常见预防事故发生的措施见表1-9。

表1-9　常见预防事故发生的措施

预防内容	可能引起事故的操作	采取的措施
防爆炸	点燃可燃性气体（如 H_2、CO、CH_4、C_2H_4、C_2H_2 等）	点燃前要先检验气体纯度；为防止火焰进入装置，有的还要加装防火装置
	用CO、H_2 还原 Fe_2O_3、CuO等	应先通CO或 H_2，在装置尾部收集气体检验纯度，若尾部气体纯净，确保空气已排尽，方可对装置加热
防暴沸	加热液体混合物，特别是沸点较低的液体混合物	在混合液中加入碎瓷片或玻璃珠
	浓硫酸与水、浓硝酸、乙醇等的混合	应将浓硫酸沿器壁慢慢加入另一液体中，边加边搅拌
防失火	可燃性物质遇到明火	可燃性物质一定要远离明火
防中毒	制取有毒气体，误食重金属盐类等	制取有毒气体要有通风设备，要重视有毒物质的管理

续表 1-9

预防内容	可能引起事故的操作	采取的措施
防倒吸	加热法制备并用排水法收集气体或吸收溶解度较大的气体	先将导管从水中取出，再熄灭酒精灯；有多个加热的复杂装置时，要注意熄灭酒精灯的顺序，必要时要加装安全防倒吸装置
防污染	对环境有污染的物质的制取	制取有毒气体要有通风设备，有毒物质必须处理后再排放等

第七节　实验记录和数据处理

一、实验记录的内容及基本要求

记录内容有三项：实验的全过程，实验所观察到的现象，实验观测的结果。

记录的基本要求：完整、准确、真实，修改须签字，体现“我做我记录”行为理念。

二、记录的表述风格

过程的记录宜用叙述性语言；现象的记录宜用描述性语言；结果的记录宜用列表法、图解法、数学方程式三种方法表达；实验的原始数据推荐采用列表法（要求：标注实验条件、实验仪器型号、标准溶液浓度、数据来源等）。

三、数据记录

（1）有效数字的释义：实际能得到的数字。

（2）有效数字的组成：“准确数字”+“一位可疑数字”（最右端的数字）。如0.5230g，说明：0.523是准确数字，最后一位“0”是可疑数字。

（3）数据的获取：准确数字是从仪器直接读取的，可疑数字是实验者从仪器“读数面板”上估计读取的数值（或仪器自身的显示值）。如0.5230g（准至0.0001g），说明：实际质量是0.5230g ± 0.0001g，绝对误差是±0.0001g。

（4）数据的意义：测量值（数据）不仅表示数量的大小，而且还反映出测量所用的仪器和实验方法所能达到的精确程度。如 0.5230g（准至 0.0001g），说明：分析天平的精度为 0.0001g。

（5）几种重要物理量测量的表示记录：质量（准至 0.0001g，万分之一分析天平），液体体积（移液管、滴定管为□□.□□mL，微量滴定管为□□.□□5mL 或□□.□□0mL）。

（6）数据中数字“0”的双重意义：

1）“0”在数字前，为定位数字，不是有效数字；

2）“0”在数字中或数字后，是有效数字。

例如：0.03070 中“0”的意义，如图 1-6 所示。

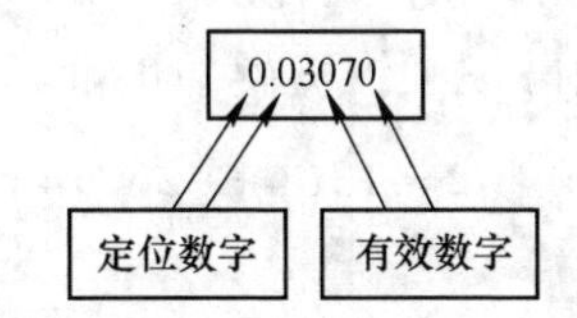

图 1-6 0.03070 中“0”的意义

四、有效数字的修约

根据中华人民共和国国家标准 GB 1.1—81（附录 C），给出数字修约法则。口诀为：

（1）“四舍六入五看后；五后为零修成双，五后非零进一位”；

（2）只能修约一次，不得连续修约。

例：将下列数字修约，保留小数点后一位。

14.2432 → 14.2（修约后的数字），14.2632→14.3（修约后的数字）；

14.2532 → 14.3（修约后的数字，5 后非 0，进一位）；

14.2500 → 14.2（修约后的数字，5 后为 0，修成双）。

五、有效数字的运算

运算程序：先对数字进行修约，然后进行运算。

（1）加减运算：先修约（修约方法：以小数点后位数最少者标准对参与运算的数字进行修约），再进行加减计算。

（2）乘除运算：先修约（修约方法：以有效数字位数最少者对参与运算的数字进行修约），再进行乘除计算。结果（积商）保留有效数字为所有数字中最少有效数字位数。

（3）乘方、开方保持原数值的有效数字。

几点说明：

（1）计算式中的常数（如 π、e 以及乘除因子等），有效数字是无限的；

（2）对数计算中，对数小数点后的数的位数与真数的有效数字位数相同（如 $[H^+]=7.9\times10^{-5}$ mol/L，则 pH=4.10）；

（3）多数情况下，表示误差时，取一位有效数字即足够，最多取两位；

（4）如一个数据的第一位数为 8 或 9 时，则有效数字的位数可多计一位（如 8.356 可看成五位有效数字）。

加减事例：7.85+26.1364−18.64738=？

修约：7.85（小数点后最少，它为修约标准：保留小数点后两位）；

7.85→7.85（修约后），26.1364→26.14（修约后），18.64738→18.65（修约后）；

计算式：7.85+26.14-18.65=15.34。

乘除事例：(0.07825×12.0)÷6.781=？

修约：12.0（有效数字位数最少，它为修约标准：保留三位有效数字）；

12.0→12.0（修约后），0.07825→0.0782（修约后），6.781→6.78（修约后）；

计算式：(0.0782×12.0)÷6.78=0.138（三位有效数字）。

六、可疑数据的取舍

在进行数据处理时，如发现有可疑数据，则应排除。排除方法很多（如 Q 检验法等），此处，介绍 $4\bar{d}$ 法排除可疑数据。

（1）求平均值（除开可疑数据的其他数据的$\bar{X}$）。

（2）计算平均偏差 $\bar{d}$：

$$\bar{d} = \frac{\sum_{i=1}^{n} |X_i - \bar{X}|}{n}$$

（3）计算 $|X_{疑}-\bar{X}|$ 并判断：

若 $|X_{疑}-\bar{X}|>4\bar{d}$，应舍去；

若 $|X_{疑}-\bar{X}|>4\bar{d}$，应保留。

七、回归方程的求解

(一) 计算法

例：由表 1-10 所示实验数据求解回归方程 $Y=a+bX$。

表 1-10　实验数据

变量 X	X_1	X_2	X_3	X_4	X_5	…	X_n
变量 Y	Y_1	Y_2	Y_3	Y_4	Y_5	…	Y_n

方法：首先，按下列公式计算回归方程的 a、b 值。

$$b=\frac{\sum_{i=1}^{n}X_iY_i-\frac{1}{n}\left(\sum_{i=1}^{n}X_i\right)\left(\sum_{i=1}^{n}Y_i\right)}{\sum_{i=1}^{n}X_i^2-\frac{1}{n}\left(\sum_{i=1}^{n}X_i\right)^2}$$

$$a=\frac{\sum_{i=1}^{n}Y_i-b\sum_{i=1}^{n}X_i}{n}$$

然后，将 a、b 值代入回归方程 $Y=a+bX$ 即可。

(二) 作图法

实验数据见表 1-10。

作图步骤：

(1) 双击“Microsoft Excel”（在计算机程序中），出现“Microsoft Excel”的界面（见图 1-7）。

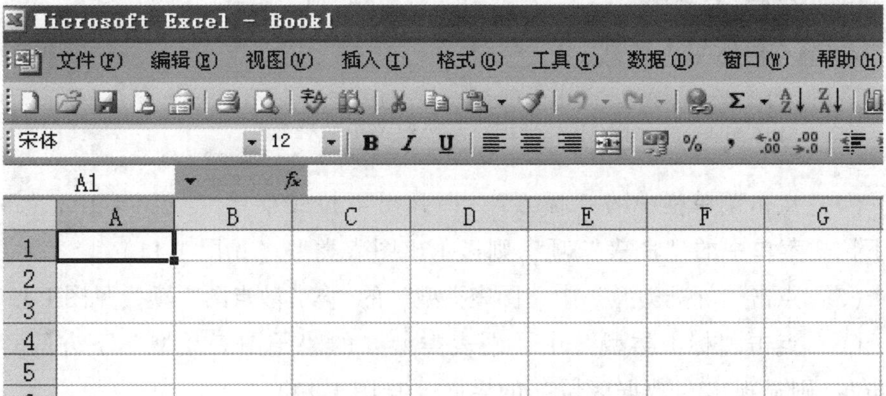

图 1-7　Microsoft Excel 界面

（2）在表格中输入数据（见图1-8）。

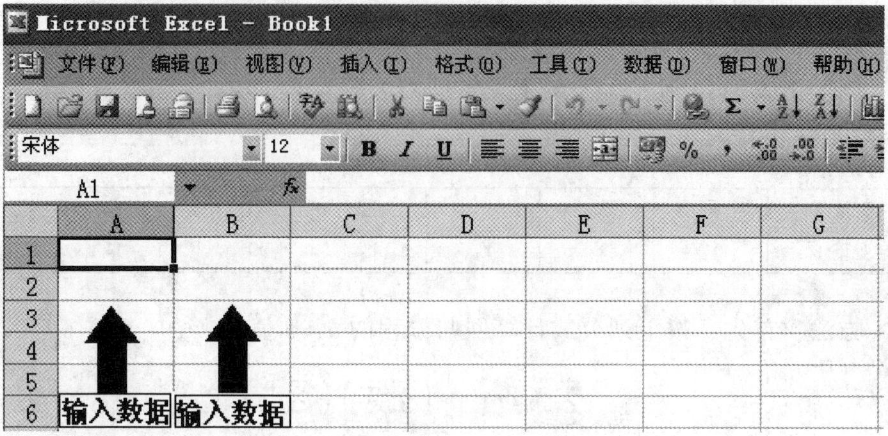

图1-8　在表格中输入数据

（3）选中所有数据（鼠标拖黑）（见图1-9）。

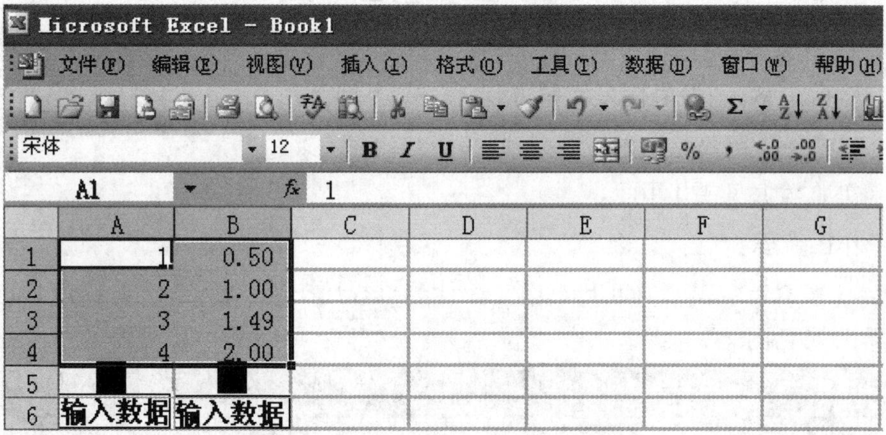

图1-9　选中所有数据（鼠标拖黑）

（4）点击菜单栏中的“插入”，即弹出下拉式菜单（见图1-10），再点击下拉式菜单中的“图表”项，则显示出图表类型（见图1-11）。

（5）点击“标准类型”中“图表类型”的“XY散点图”项（见图1-12）。

（6）点击“标准类型”中“图表类型”的“子图表类型”下方的“下一步”，则显现出“数据区域”的界面（见图1-13）。

（7）点击“数据区域”下方的“下一步”（见图1-14）。

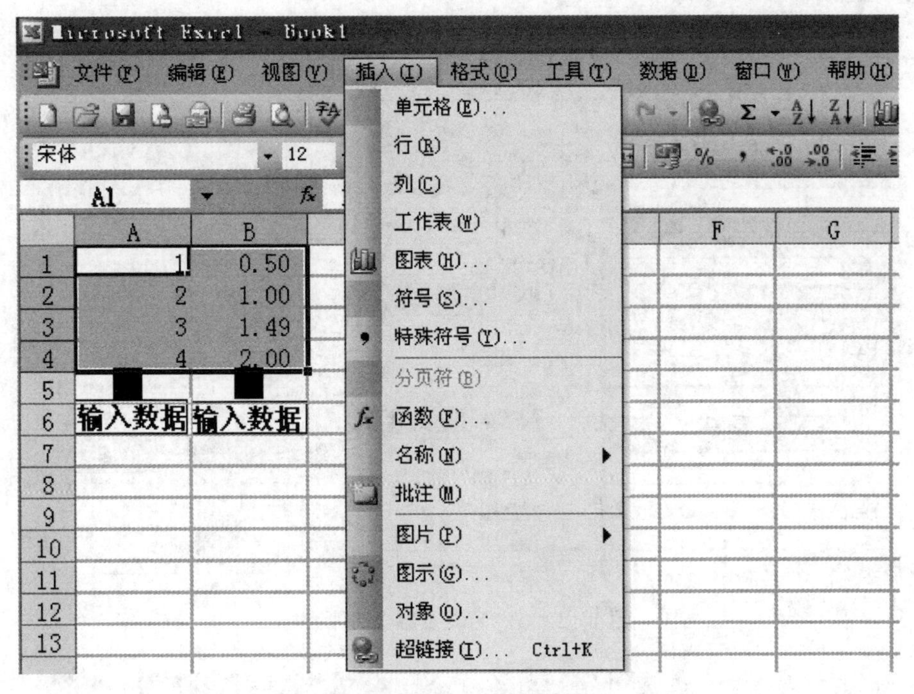

图 1-10　下拉式菜单界面

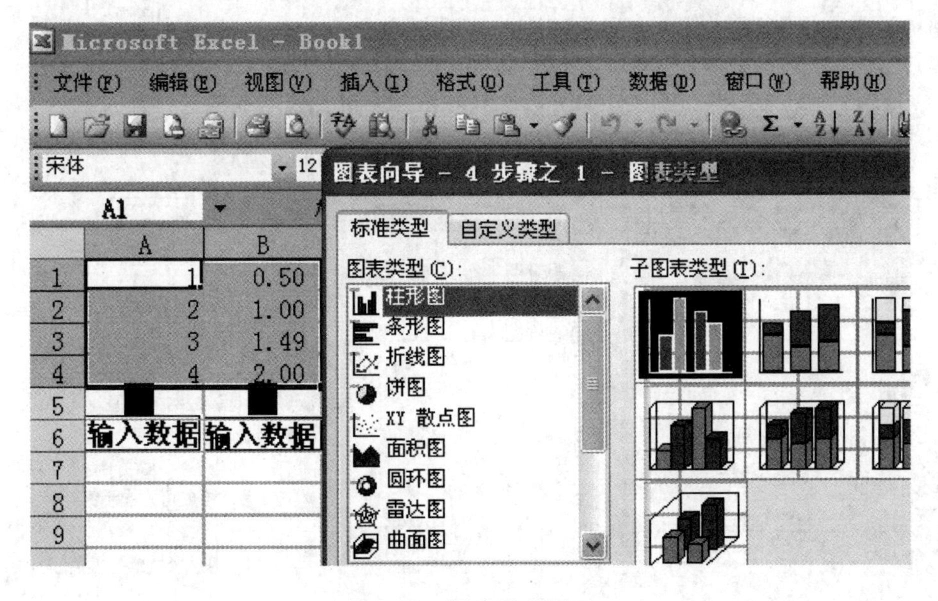

图 1-11　图表类型界面

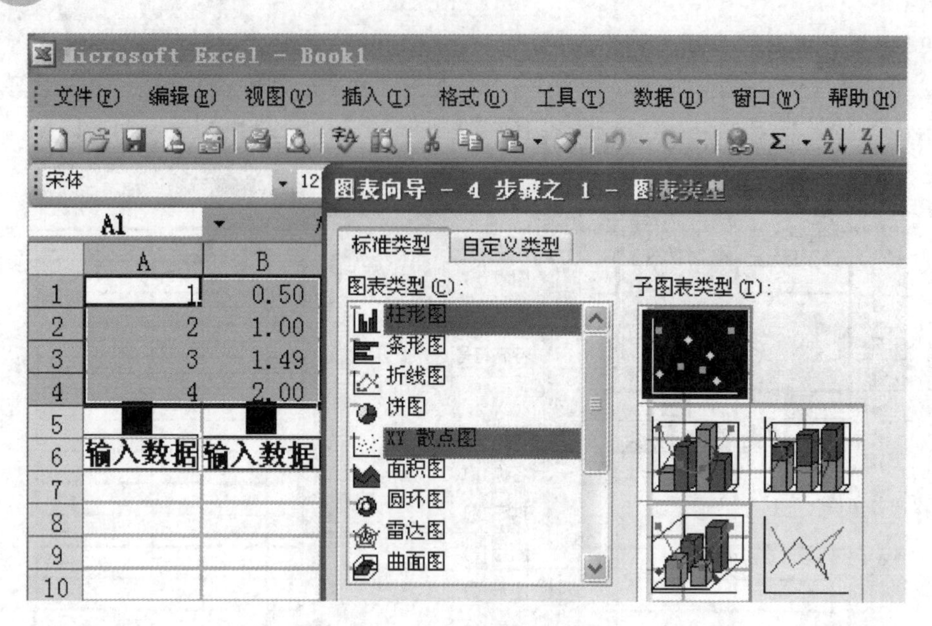

图 1-12　“XY 散点图”项界面

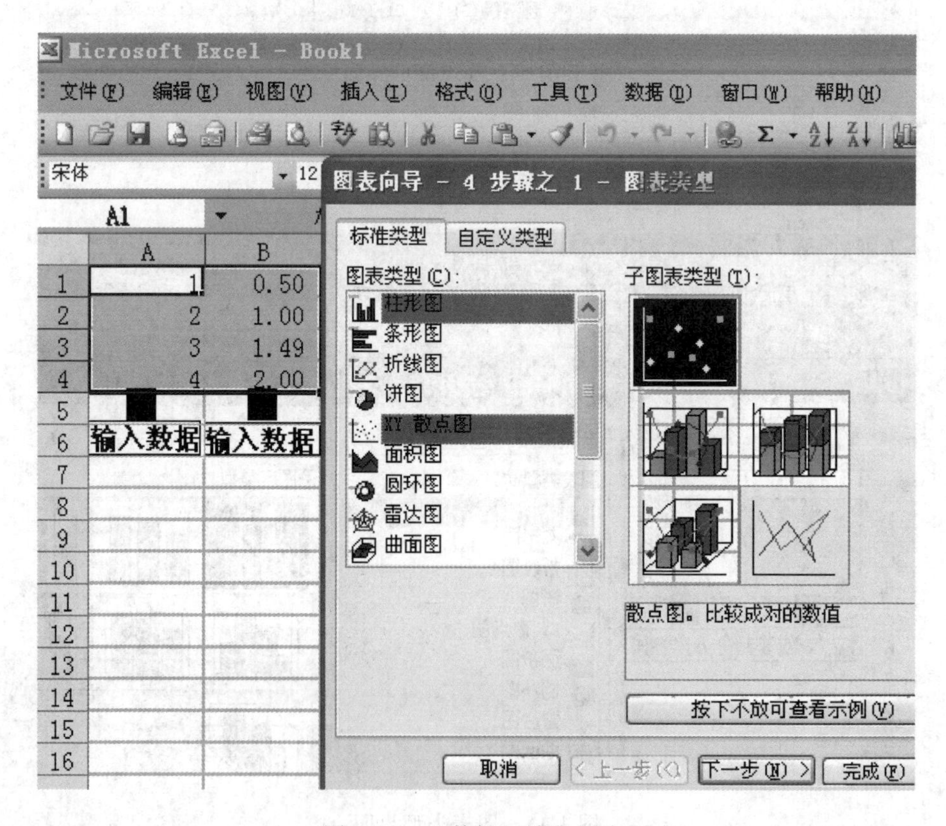

图 1-13　“数据区域”界面

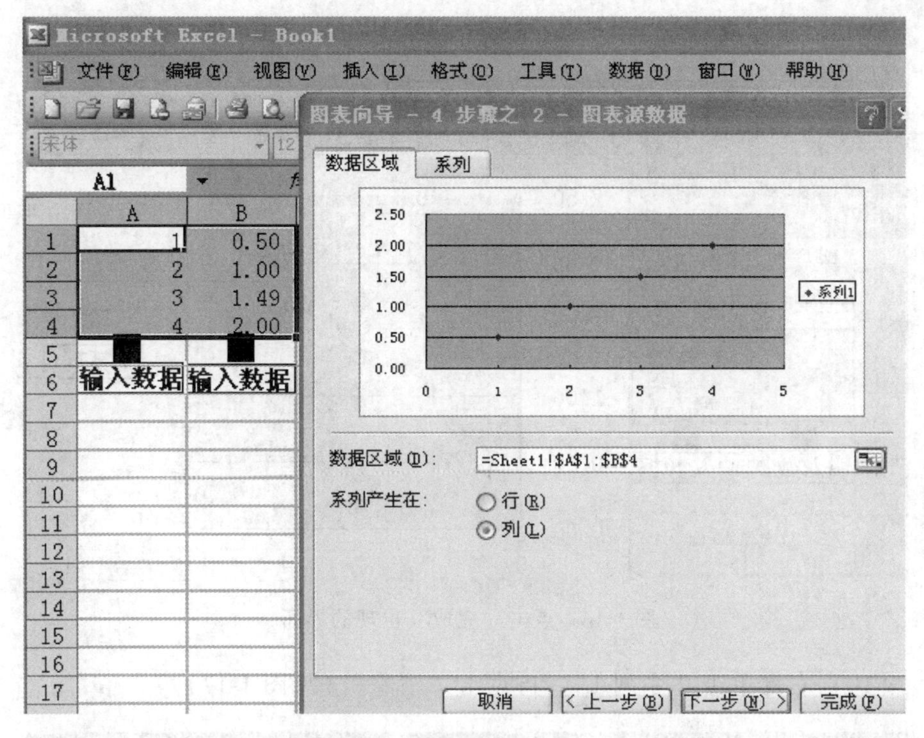

图 1-14　点击“数据区域”下方的“下一步”

（8）在“图表标题”“数值（X）轴（A）”“数值（Y）轴（V）”填写信息，再点击“下一步”（见图 1-15）。

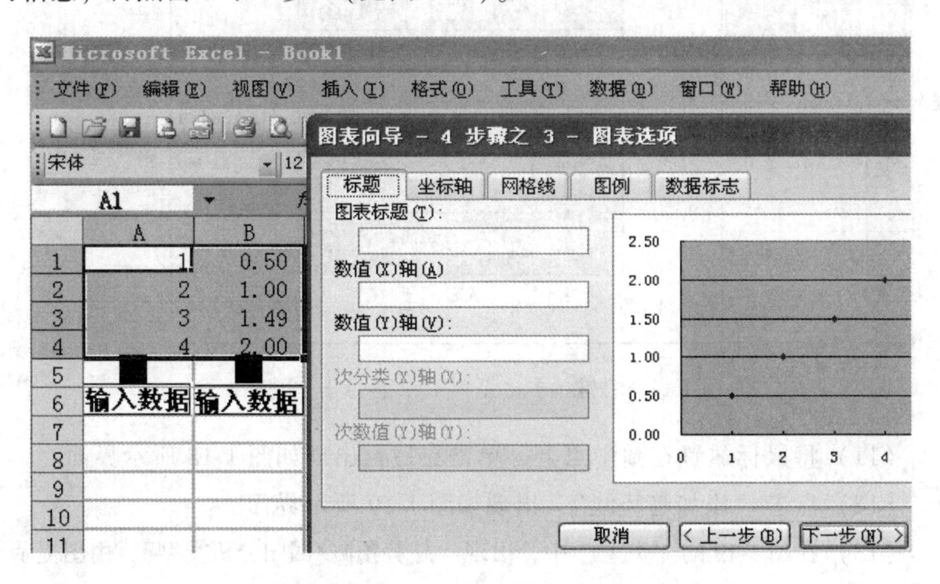

图 1-15　在“图表标题”等处填写信息，再点击“下一步”

（9）点击“完成”，出现如图1-16所示界面。

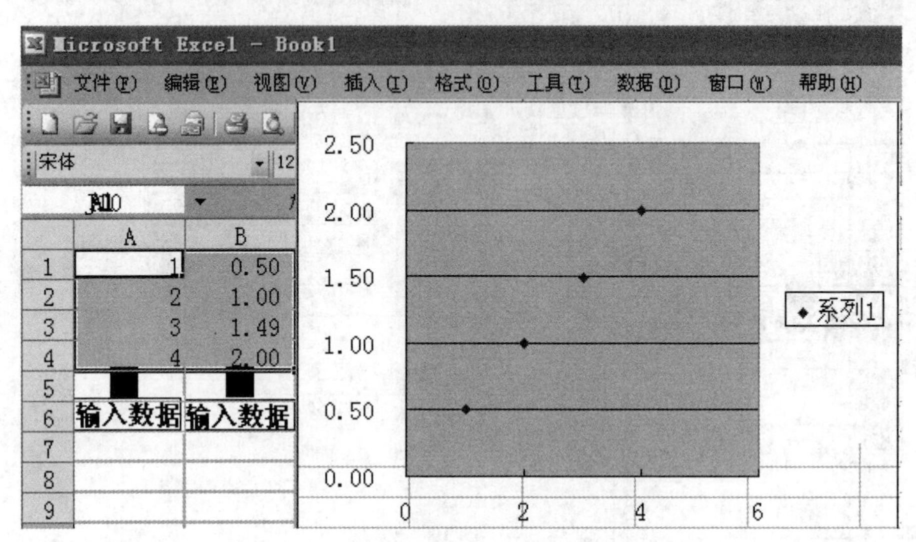

图1-16　点击“完成”出现的界面

（10）右键单击“系列1”，再点击“清除”（见图1-17）。

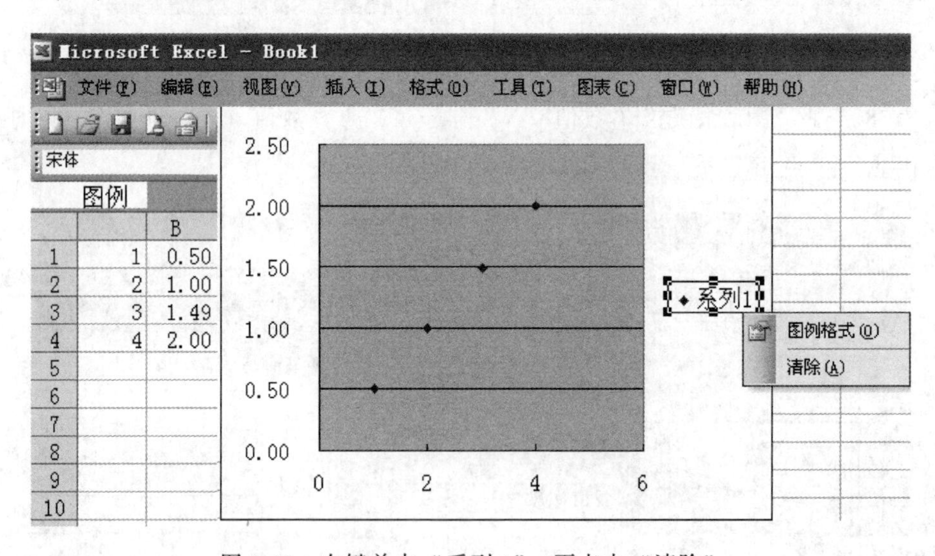

图1-17　右键单击“系列1”，再点击“清除”

（11）将鼠标放置在图中点上，单击右键，出现如图1-18所示界面。

（12）点击“添加趋势线”，出现如图1-19所示界面。

（13）在图1-19的“类型”中，出现“趋势预测/回归分析类型”，由图提示，按要求选择回归分析类型。在此，单击“线性（L）”项，作线性回归分析。

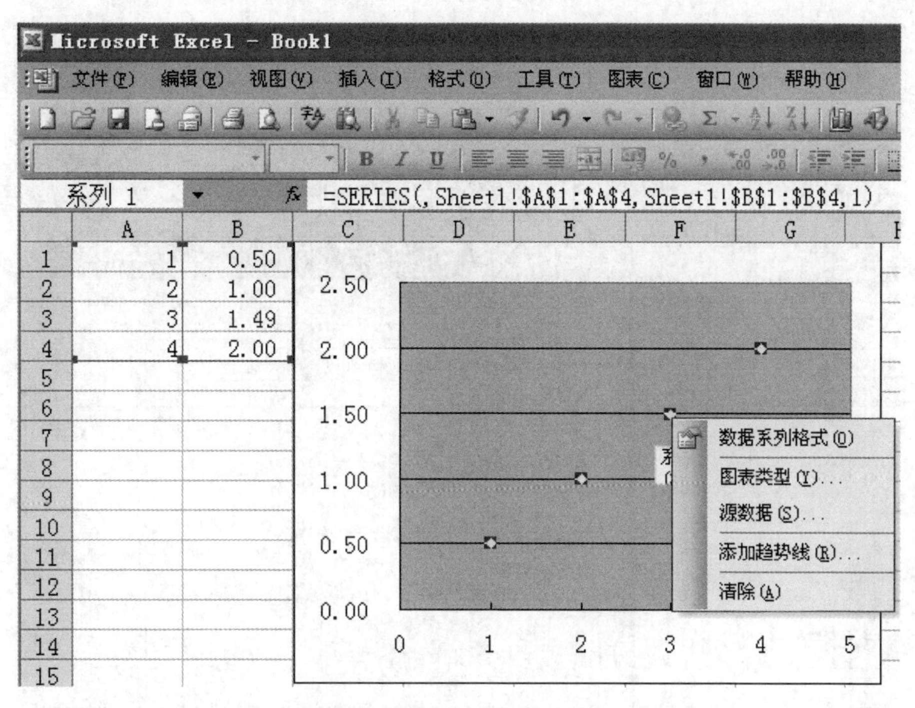

图 1-18　鼠标放在图中点上，单击右键出现的界面

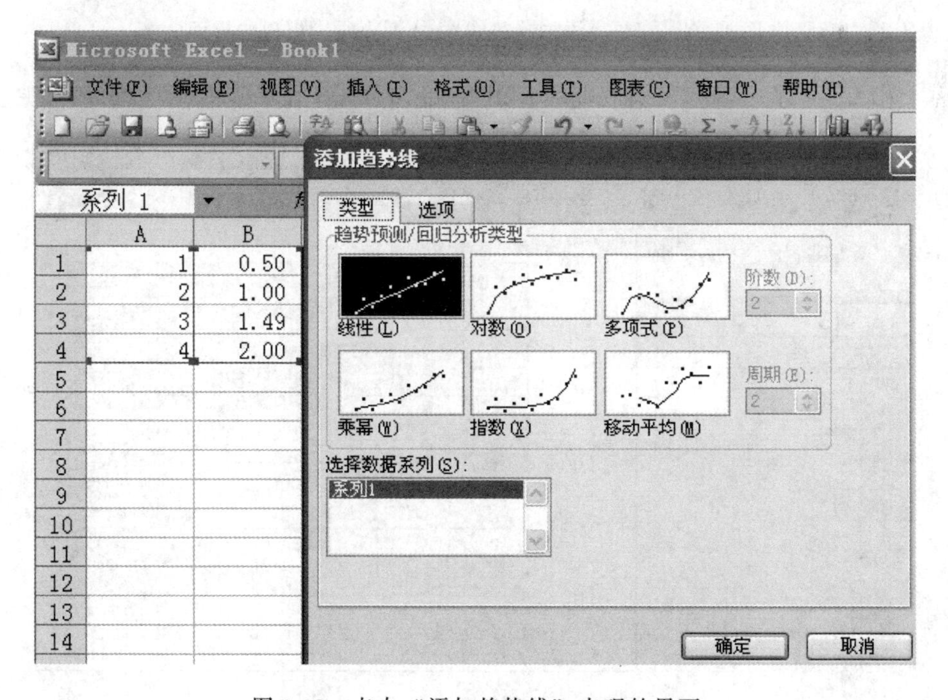

图 1-19　点击“添加趋势线”出现的界面

（14）单击“添加趋势线”中的“选项”，出现如图 1-20 所示界面，并在“选项”中选择“显示公式（E）”和“显示 R 平方值（R）”。

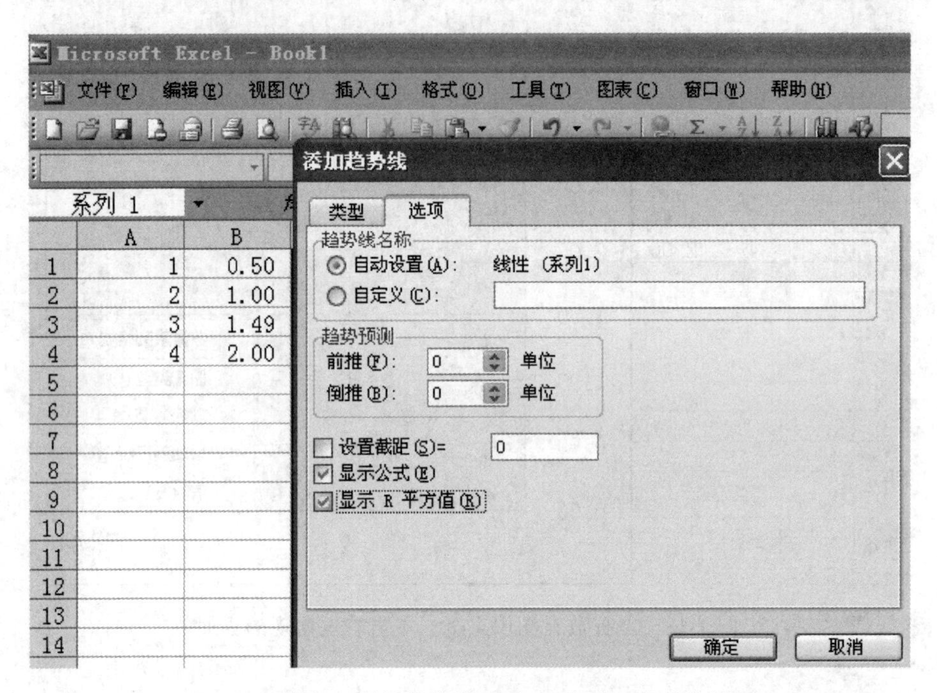

图 1-20　单击“添加趋势线”中“选项”出现的界面

（15）点击“确定”，即在如图 1-21 所示的界面图中显现出回归方程和 R^2 信息。

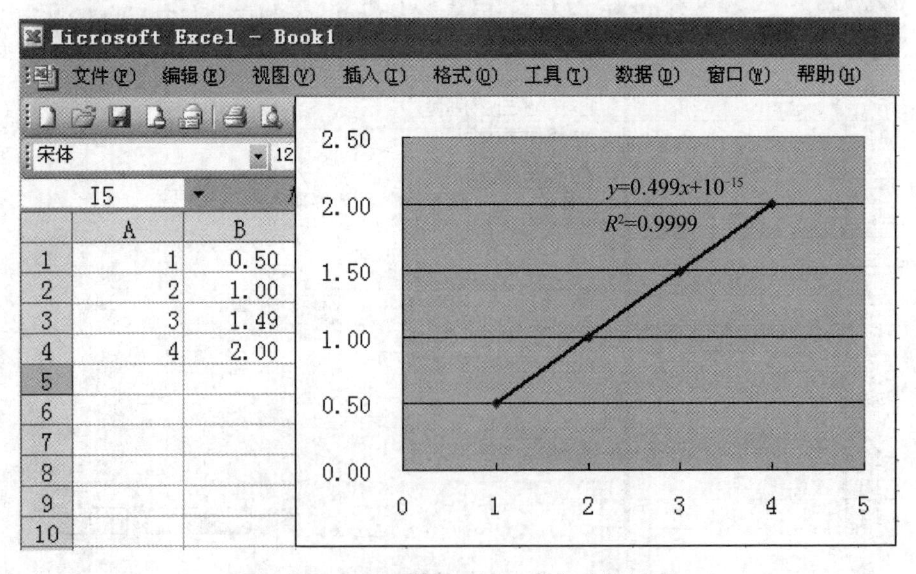

图 1-21　显示回归方程和 R^2 信息的界面

第八节　实验室检测结果的质量控制方法

质量控制是指为达到质量要求所采取的作业技术和活动，其目的在于监视过程并排除导致不合格、不满意的原因以取得准确可靠的数据和结果。

采取合理有效的质量控制手段可监控检测/校准工作过程，预见到可能出现问题的征兆或及时发现问题的存在，使实验室可有针对性地采取纠正措施或预防措施，避免或减少不符合工作的发生。因此，如何在日常的检测工作中对检测结果进行有效的监控成为很多实验室急需解决的课题。实验室检测结果的质量监控可分为外部监控和内部监控。

一是借助外部力量实施实验室间比对验证活动。实验室间的能力验证是一种检测质量的全面的审核工作，它不但包括了对检测人员、设备、环境等的比对，也包括对检测报告、数据处理的验证等，是实验室能力确认的重要方法之一，也是实验室质量控制的重要手段，它有助于实验室检测能力的提高。

二是内部质量监控。利用内部手段如对盲样检测、留样检测、人员比对、方法比对等验证检测工作的可靠性，具体方法有以下几种。

（1）对保留样品再检验。对无标准物质的检测参数如蛋白质、脂肪、灰分等指标并易保存的样品采取留样再检测的方法对检测结果的准确性进行控制，这样不但可使检验人员认真对待每一次检验工作，从而提高自身素质和技术水平，也有助于发现检测中存在的问题并得到及时有效的纠正。

（2）定期使用标准物质。主要包括以下几点：

1）按计划定期对有证标准物质进行检测，将检测结果与标准值进行比较，如果检测结果异常应查明原因排除异常因素，使检测体系恢复正常。

2）通过对标准物质的检测来完成仪器的期间核查，判断仪器是否处于正常状态的校准状态，对经分析发现仪器设备已经出现较大偏离导致检测结果不可靠时，应按相关规定处理，直到经验证的结果满意时方可投入使用。

3）利用对标准物质的检测对检验人员进行考核，以查明检验人员是否熟练掌握检验技术，是否能够检出符合要求的准确数据及结果，这也是对检测质量控制的重要手段。

（3）利用质量控制图。质量控制图是把检验的性能数据与所计算出来的预期的“控制限”进行比较的图，此方法通过统计技术，将指控样用于检测中，对每次的检测数据进行分析，从而得出较为科学的波动范围，通过检测查出异常原因所导致的波动，制定相应措施进而消除异常原因。

（4）使用不同方法进行重复检测。国家标准规定的分析方法中有很多都提供了一种以上的分析方法在同一实验室内或不同实验室间定期有计划地进行不同方法的重复检测，可及时发现方法的系统误差并纠正，以保证检测数据的准确性。

（5）分析一个样品不同特性结果的相关性。同一产品的不同特性指标可能存在一定的相关性，通过对相关项目的检查，也可发现检验结果是否准确。如酱油中的氨基酸态氮和全氮，氨基酸态氮测出的数值一般是全氮值的一半，如果相差太大，那么检验结果肯定有问题则必须进行复检；再如白酒中的总酯和已酸乙酯，如果已酸乙酯含量高，总酯的含量也会高。

第九节　环境监测数据弄虚作假行为判定及处理办法

第一条　为保障环境监测数据真实准确，依法查处环境监测数据弄虚作假行为，依据《环境保护法》和《生态监测网络建设方案》(国办发〔2015〕56号）等有关法律法规和文件，结合工作实际，制定本办法。

第二条　本办法所称环境监测数据弄虚作假行为，系指故意违反国家法律法规、规章等以及环境监测技术规范，篡改、伪造或者指使篡改、伪造环境监测数据等行为。

本办法所称环境监测数据，系指按照相关技术规范和规定，通过手工或者自动监测方式取得的环境监测原始记录、分析数据、监测报告等信息。

本办法所称环境监测机构，系指县级以上环境保护主管部门所属环境监测机构、其他负有环境保护监督管理职责的部门所属环境监测机构以及承担环境监测工作的实验室与从事环境监测业务的企事业单位等其他社会环境监测机构。

第三条　本办法适用于以下活动中涉及的环境监测数据弄虚作假行为：

（一）依法开展的环境质量监测、污染源监测、应急监测；

（二）监管执法涉及的环境监测；

（三）政府购买的环境监测服务或者委托开展的环境监测；

（四）企事业单位依法开展或者委托开展的自行监测；

（五）依照法律、法规开展的其他环境监测行为。

第四条　篡改监测数据，系指利用某种职务或者工作上的便利条件，故意干预环境监测活动的正常开展，导致监测数据失真的行为，包括以下情形：

（一）未经批准部门同意，擅自停运、变更、增减环境监测点位或者故意改变环境监测点位属性的；

（二）采取人工遮挡、堵塞和喷淋等方式，干扰采样口或周围局部环境的；

（三）人为操纵、干预或者破坏排污单位生产工况、污染源净化设施，使生产或污染状况不符合实际情况的；

（四）稀释排放或旁路排放，或者将部分或全部污染物不经规范的排污口排放，逃避自动监控设施监控的；

（五）破坏、损毁监测设备站房、通信线路、信息采集传输设备、视频设备、电力设备、空调、风机、采样泵、采样管线、监控仪器或仪表以及其他监测监控或辅助设施的；

（六）故意更换、隐匿、遗弃监测样品或者通过稀释、吸附、吸收、过滤、改变样品保存条件等方式改变监测样品性质的；

（七）故意漏检关键项目或者无正当理由故意改动关键项目的监测方法的；

（八）故意改动、干扰仪器设备的环境条件或运行状态或者删除、修改、增加、干扰监测设备中存储、处理、传输的数据和应用程序，或者人为使用试剂、标样干扰仪器的；

（九）未向环境保护主管部门备案，自动监测设备暗藏可通过特殊代码、组合按键、远程登录、遥控、模拟等方式进入不公开的操作界面对自动监测设备的参数和监测数据进行秘密修改的；

（十）故意不真实记录或者选择性记录原始数据的；

（十一）篡改、销毁原始记录，或者不按规范传输原始数据的；

（十二）对原始数据进行不合理修约、取舍，或者有选择性评价监测数据、出具监测报告或者发布结果，以至评价结论失真的；

（十三）擅自修改数据的；

（十四）其他涉嫌篡改监测数据的情形。

第五条　伪造监测数据，系指没有实施实质性的环境监测活动，凭空编造虚假监测数据的行为，包括以下情形：

（一）纸质原始记录与电子存储记录不一致，或者谱图与分析结果不对应，或者用其他样品的分析结果和图谱替代的；

（二）监测报告与原始记录信息不一致，或者没有相应原始数据的；

（三）监测报告的副本与正本不一致的；

（四）伪造监测时间或者签名的；

（五）通过仪器数据模拟功能，或者植入模拟软件，凭空生成监测数据的；

（六）未开展采样、分析，直接出具监测数据或者到现场采样，但未开设烟道采样口，出具监测报告的；

（七）未按规定对样品留样或保存，导致无法对监测结果进行复核的；

（八）其他涉嫌伪造监测数据的情形。

第六条　涉嫌指使篡改、伪造监测数据的行为，包括以下情形：

（一）强令、授意有关人员篡改、伪造监测数据的；

（二）将考核达标或者评比排名情况列为下属监测机构、监测人员的工作考核要求，意图干预监测数据的；

（三）无正当理由，强制要求监测机构多次监测并从中挑选数据，或者无正当理由拒签上报监测数据的；

（四）委托方人员授意监测机构工作人员篡改、伪造监测数据或者在未作整改的前提下，进行多家或多次监测委托，挑选其中“合格”监测报告的；

（五）其他涉嫌指使篡改、伪造监测数据的情形。

第七条　环境监测机构及其负责人对监测数据的真实性和准确性负责。负责环境自动监测设备日常运行维护的机构及其负责人按照运行维护合同对监测数据承担责任。

第八条　地市级以上人民政府环境保护主管部门负责调查环境监测数据弄虚作假行为。地市级以上人民政府环境保护主管部门应定期或者不定期组织开展环境监测质量监督检查，发现环境监测数据弄虚作假行为的，应当依法查处，并向上级环境保护主管部门报告。

第九条　对干预环境监测活动，指使篡改、伪造监测数据的行为，相关人员应如实记录。任何单位和个人有权举报环境监测数据弄虚作假行为，接受举报的环境保护主管部门应当为举报人保密，对能提供基本事实线索或相关证明材料的举报，应当予以受理。

第十条　负责调查的环境保护主管部门应当通报环境监测数据弄虚作假行为及相关责任人，记入社会诚信档案，及时向社会公布。

第十一条　环境保护主管部门发现篡改、伪造监测数据，涉及目标考核的，视情节严重程度将考核结果降低等级或者确定为不合格，情节严重的，取消授予的环境保护荣誉称号；涉及县域生态考核的，视情节严重程度，建议国务院财政主管部门减少或者取消当年中央财政资金转移支付；涉及《大气污染防治行动计划》《水污染防治行动计划》排名的，分别以当日或当月监测数据的历史最高浓度值计算排名。

第十二条　社会环境监测机构以及从事环境监测设备维护、运营的机构篡改、伪造监测数据或出具虚假监测报告的，由负责调查的环境保护主管部门将该机构和涉及弄虚作假行为的人员列入不良记录名单，并报上级环境保护主管部门，禁止其参与政府购买环境监测服务或政府委托项目。

第十三条　监测仪器设备应当具备防止修改、伪造监测数据的功能，监测仪器设备生产及销售单位配合环境监测数据造假的，由负责调查的环境保护主管部门通报公示生产厂家、销售单位及其产品名录，并上报环境保护部，将涉嫌弄虚作假的单位列入不良记录名单，禁止其参与政府购买环境监测服务或政府委托项目，对安装在企业的设备不予验收、联网。

第十四条　国家机关工作人员篡改、伪造或指使篡改、伪造监测数据的，由负责调查的环境保护主管部门提出建议，移送有关任免机关或监察机关依据《行政机关公务员处分条例》和《事业单位工作人员处分暂行规定》的有关规定予以处理。

第十五条　党政领导干部指使篡改、伪造监测数据的，由负责调查的环境保护主管部门提出建议，移送有关任免机关或监察机关依据《党政领导干部生态环境损害责任追究办法（试行）》的有关规定予以处理。

第十六条　环境监测数据弄虚作假行为构成违法的，按照有关法律法规的规定处理。

第十七条　本办法由国务院环境保护主管部门负责解释。

第十八条　本办法自2016年1月1日起实施。

第二章　环境监测实验

实验一　水样的采集与保存

一、实验目的和要求

通过实验了解河流、湖泊、水库等水样采集布点的原则、方法和水样的保存技术。

二、实验原理

（一）样点布局原则

（1）监测断面的布设依据：在断面布设前，应首先查清监测河段内生产和生活取水口的位置、取水量；废水排放口的位置及污染物排放情况，河段水文及河床情况；支流汇入、水工建筑情况；其他影响水质及其均匀程度的因素。

（2）断面的设置：

1）对照断面：反映初始情况。

2）控制断面：反映本地区排放的污水对河段水质的影响。

3）消减断面：反映河流对污染物的稀释净化情况。

（3）湖泊、水库监测垂线的布设：

1）湖（库）区的不同水域，如进水区、出水区、深水区、浅水区、湖心区、岸边区，按水体功能分别设置监测垂线。

2）湖（库）区若无明显功能分区，可用网格法均匀设置监测垂线。

3）监测垂线采样点的设置一般与河流的规定相同，但对有可能出现温度分层现象者，应先作水温、溶解氧的探索性实验再定。

（4）河流断面垂线数的设置、采样垂线上采样点数的确定，见表 2-1 和表 2-2。

表 2-1　河流断面垂线数的设置

水面宽度/m	垂线数	说　明
≤50	一条（中弘）	尽量避开污染区
50~100	二条（左右近岸有明显水流处）	无污染且水质均匀的河流可设一条
>100	三条（左、中、右）	设于河口要计算污染物排放通量的断面

表 2-2　采样垂线上的采样点数的确定

水深/m	采样点数	说　明
≤5	上层一点	（1）上层指水面下 0.5m 处，水深不到 1m 时，在水深 1/2 处； （2）下层指河底以上 0.5m 处； （3）中层指水深 1/2 处； （4）当被测河流监测断面采样垂线处的水深不到 0.5m 时，在水深的 1/2 处设置一个采样点； （5）当被测河流监测断面采样垂线处有封冻时，在冰下 0.5m 处，设置一个采样点
5~10	上、下层两点	
>10	上、中、下三层三点	

（二）水样的采集

（1）采样额数的确定原则：以最低的样品频数取得最有时间代表性的样品；考虑水体功能、影响范围及有关水文要素，切实可行。

（2）水样的分类：综合水样、瞬时水样、混合水样、平均污水样。

（3）水样的采集：

1）采集前的准备：制定采水计划，确定断面、垂线、采样点、采样时间和路线。

2）采样：采集表层水时可直接用适当的容器采集，但不能混入水面的物质；采集一定深度的水可用直立式或有机玻璃采水器。

3）采样的注意事项：采集时不搅动水底部沉淀物；保证每次采样点位置准确。容器在收集水时要先用水润洗三次，贴上标签并加入相应的固定剂，待测水样应严格不接触空气。

4）水样现场测定与描述：水温、pH 值、溶解氧、透明度等。

（三）水样的保存与运输

（1）水样的保存：水样采集后应尽快进行分析，所以要缩短运输时间并加入相应的化学保存剂。选择适当的材料做容器，控制溶液的 pH 值，加入化学试剂抑制氧化还原反应。

（2）水样的运输：水样运输时应注意不让瓶子损坏，做好水封，防止溶液与空气接触

三、实验试剂及仪器

实验试剂及仪器包括硫酸锰溶液、碱性碘化钾溶液、取水器、溶氧瓶、透明度盘、卷尺等。

四、实验步骤

采集水样点：湖泊、出水口。

先测量水的清晰度，然后测量其深度，最后在水深 1/2 处、水面下 50cm 处开始采集水样。用取水器采集水样润洗 5 个溶氧瓶，用取水器采集三次将其注入已经润洗好的溶氧瓶中，直到水溢出溶氧瓶体积的一半时停止。用吸管插入溶氧瓶的液面下，加入 1mL 硫酸锰溶液、2mL 碱性碘化钾溶液，盖好瓶塞，颠倒混合数次，静置。待棕色沉淀物降至瓶内一半时，再颠倒混合一次，待沉淀物下降到瓶底。

五、实验结果

实验结果记录如下：

透明度：　　　　水深：　　　　pH 值：　　　　溶解氧：

六、思考题

（1）水样采集应注意哪些问题？

（2）不同环境水样采集的布点原则是什么？

实验二　废水电导率与 pH 值的测定

一、实验目的和要求

（1）了解并掌握废水电导率、pH 值的测定方法。

（2）学习 DDS-11A 电导率仪、pH-2s 数字酸度计等仪器的使用。

二、废水电导率的测定

（一）实验原理

溶解于水的酸、碱、盐电解质，在溶液中解离成正、负离子，使电解质溶液具有导电能力，其导电能力大小可用电导率表示。

电解质溶液的电导率，通常是用两个金属片（电极）插入溶液中，测量两极间电阻率大小来确定。电导率是电阻率的倒数，其定义是电极截面面积为 $1cm^2$、极间距离为 1cm 时，该溶液的电导。

电导率的单位为西门子/米（S/m）。在水分析中常用它的百万分之一即微西门子/厘米（μS/cm）表示水的电导率。

溶液的电导率与电解质的性质、浓度、溶液温度有关。一般情况下，溶液的电导率是指 25℃时的电导率。

电导是电阻的倒数，因此，当两个电极（通常为铂电极或铂黑电极）插入溶液时，可以测出两极间的电阻 R。根据欧姆定律，当温度一定时，下列公式成立：

$$R = \rho L/A$$

式中　L/A——电导池常数，cm/cm^2，一般可以 $Q(cm^{-1})$ 表示，此值一般是固定不变的。

比例常数 ρ 为电阻率，其 $1/\rho$ 称为电导率，以 K 表示，其标准单位是 S/m（西门子/米），此单位与 Ω^{-1}/m（欧姆$^{-1}$/米）相当。一般实际使用的单位为 mS/m 和 μS/cm，各单位之间的换算关系为：$1mS/m = 0.01mS/cm = 10\mu\Omega^{-1}/cm = 10\mu S/cm$。所以，溶液的电导度 $S = 1/R = 1/(\rho Q)$，反映了溶液导电能力的强弱。当已知电导池常数并测出电阻后，即可求出电导率。

（二）实验仪器

实验仪器包括 DDS-11A 电导率仪、烧杯、滤纸等。

（三）实验试剂

（1）纯水：将蒸馏水通过离子交换柱，电导率小于 0.1mS/m。

（2）标准氯化钾溶液（0.0100mol/L）：称取 0.7456g 于 105℃ 干燥 2h 并冷却后的氯化钾，溶解于纯水中，于 250℃ 定容至 1000mL。此溶液在 25℃ 时电导率为 141.3mS/m。必要时，可将标准溶液用纯水加以稀释，得到各种浓度氯化钾溶液的电导率（25℃）。

（四）实验步骤

用 DDS-11A 电导率仪测定废水的电导率。具体步骤如下：

（1）接通电源，预热 10min。

（2）将电极浸入被测水样中，将电极插入电极插头。

（3）调节“常数”按钮，使其值与电极常数 0.93 相一致。

（4）将量程置于相应的倍率挡上。

（5）将“校正—测量”开关置于“校正”位上，调表指针满刻度 1.0。

（6）将“校正—测量”开关置于“测量”位上，表针上指数与量程倍率相乘，即得水样的电导率。

（五）注意事项

（1）最好使用和水样电导率相近的氯化钾标准溶液测定电导池常数。

（2）如使用已知电导池常数的电导池，不需要测定电导池常数，可调节好仪器直接测定，但要经常用标准氯化钾溶液校准仪器。

（六）思考题

（1）水的电导率用什么表示？

（2）比较不同水质电导率的大小。

三、废水 pH 值的测定

（一）实验原理

用 pH 值玻璃电极为指示电极，饱和甘汞电极为参比电极，浸入被测溶液中，组成一电池。在 25℃ 时，溶液 pH 值每改变一个单位，就产生 59.16mV 的电位差。电位通过准缓冲溶液标定，并在 pH 计上校准定位后，再将电极放入试样，即可在 pH 计上直接读出水样的 pH 值。

水样的颜色、浊度、胶体物质、氧化还原电位或矿化度高低，一般不影响测定。温度影响，可通过仪器上的温度补偿装置校正。在测定 pH 值大于

10 及钠离子量高的试样时，会产生误差。

（二）实验仪器

（1）pH-2s 型数字酸度计。

（2）烧杯（100mL、200mL）。

（3）定性滤纸。

（三）实验试剂

标准缓冲液可以直接购买，也可以自行配置。

标准缓冲溶液的配制方法如下：

（1）pH 标准缓冲溶液甲（pH 值为 4.008，25℃）：称取事先在 110～130℃条件下干燥 2～3h 的邻苯二甲酸氢钾（$KHC_8H_4O_4$）10.12g，溶于水并在容量瓶中稀释至 1L。

（2）pH 标准缓冲溶液乙（pH 值为 6.865，25℃）：分别称取事先在 110～130℃条件下干燥 2～3h 的磷酸二氢钾（KH_2PO_4）3.388g 和磷酸氢二钠（Na_2HPO_4）3.533g，溶于水并在容量瓶中稀释至 1L。

（四）实验步骤

（1）采样按采样要求采取具有代表性的水样。

（2）仪器校准。

（3）用 pH-2s 型数字酸度计测定废水的 pH 值，操作程序按仪器使用说明书进行。

1）接通电源，预热 10min。

2）将电极插入配制好的混合磷酸盐标准溶液中，调节定位钮，使其值位于 6.86。

3）将电极插入邻苯二甲酸氢钾标准溶液中，调节斜率钮，使其值位于 4.00。

4）将电极插入待测水样中，测得水样的 pH 值。

5）测定水样 pH 值时先用蒸馏水冲洗电极，再用水样冲洗，然后将电极浸入样品液中，小心摇动试杯或进行搅拌，以加速电极平衡，静置，待读数稳定时记下 pH 值。

（五）注意事项

（1）测定前，选择两种 pH 值约相差 3 个单位的标准缓冲液，使样品液的 pH 值处于二者之间。

（2）取与样品液 pH 值较接近的第一种标准缓冲液对仪器进行校正（定

位），使仪器示值与标准缓冲液的 pH 值一致。

（3）仪器定位后，再用第二种标准缓冲液核对仪器示值，误差应不大于±0.02 pH 单位。若大于此偏差，则应小心调节斜率，使示值与第二种标准缓冲液的 pH 值相符。重复上述定位与斜率调节操作，至仪器示值与标准缓冲液的规定数值相差不大于 0.02 pH 单位。否则，须检查仪器或更换电极后，再行校正至符合要求。

（4）每次更换标准缓冲液或样品液前，应用蒸馏水充分洗涤电极，然后将水吸尽，同时用所换的标准缓冲液或样品液洗涤。

（5）在测定高 pH 值的样品液时，应注意碱误差的问题，必要时选用适当的玻璃电极测定。

（6）对弱缓冲液（如水）的 pH 值测定，先用邻苯二甲酸氢钾标准缓冲液校正仪器后测定样品液，并重取样品液再测，直至 pH 值的读数在 1min 内改变不超过±0.05 为止。然后再用硼砂标准缓冲液校正仪器，再如上法测定。两次 pH 值的读数相差应不超过 0.1，取两次读数的平均值为其 pH 值。

（7）配制标准缓冲液与溶解样品的水，应是新沸过的冷蒸馏水，pH 值应为 5.5~7.0。

（8）标准缓冲液一般可保存 2~3 个月，但发现有浑浊、发霉或沉淀等现象时，不能继续使用。

（9）水的 pH 值大小，主要决定于水中 CO_2、HCO_3^- 及 CO_3^{2-} 之间的平衡关系，故需在水样开瓶后立即测定。

（10）pH 玻璃电极在使用前，必须在去离子水中活化 24h 以上。经常使用时，电极应浸泡在去离子水中。较长时间不用，可洗净后，干保存。由于玻璃球泡部分非常薄，在使用和保存时，切勿与硬物相碰，或用手触摸。

（11）饱和甘汞电极在使用时，要拔去侧面的胶塞，内充的氯经钾参比溶液必须保持饱和状态和一定的液面高度。

（12）测定时如发现读数不稳，除检查仪器因素外，还应检查电极。首先检查甘汞电极内部是否有气泡；再用滤纸贴在砂芯头上，如有溶液渗出，表明砂芯毛细管未被阻塞。如以上检查无问题，则可用 0.1mol/L 盐酸溶液浸洗玻璃电极，用去离子水洗净后再测。如仍不稳定，则应更换电极。

（六）思考题

（1）正常水的 pH 值是多少？

（2）引起水体超出正常 pH 值的因素有哪些？

实验三　废水悬浮固体和浊度的测定

一、实验目的和要求

(1) 掌握悬浮固体和浊度的测定方法。

(2) 实验前复习理论教材《环境监测》第二章中残渣和浊度的有关内容。

二、悬浮固体的测定

(一) 原理

悬浮固体系指剩留在滤料上并于103~105℃烘至恒重的固体。测定的方法是将水样通过滤料后，烘干固体残留物及滤料，将所称质量减去滤料质量，即为悬浮固体（总不可滤残渣）质量。

(二) 实验仪器

(1) 烘箱。

(2) 分析天平（精度为万分位）。

(3) 干燥器。

(4) 孔径为0.45μm的滤膜及相应的滤器或中速定量滤纸。

(5) 玻璃漏斗。

(6) 内径为30~50mm的称量瓶。

(三) 实验步骤

(1) 采样：在采样点，用即将采集的水样清洗3次。然后采集具有代表性的水样500~1000mL，盖严瓶塞。

(2) 样品贮存：采集的水样应尽快分析测定。如需放置，应低温（0~4℃）保存，但最长不要超过14天。

(3) 准备滤膜：用无齿扁嘴镊子夹取滤膜（滤纸）放于事先恒重的称量瓶里，移入烘箱中于103~105℃烘干0.5h，取出置于干燥器内冷却至室温，称其质量。反复烘干、冷却、称量，直至恒重（两次称量相差不超过0.0002g）。将恒重的滤膜放入滤膜过滤器中，以蒸馏水湿润滤膜，并不断吸滤。

（4）去除漂浮物后振荡水样，量取充分混合均匀的水样100mL（悬浮物质量大于5mg），使水样全部通过滤膜。再以每次10mL的蒸馏水洗涤残渣3次，继续吸滤以除去痕量水分。

（5）小心取下滤膜，放入原称量瓶（或培养皿）内，放入烘箱中于103～105℃烘干1h后称入干燥器内，冷却至室温，称其质量。反复烘干、冷却、称量，直至两次称量的质量差不大于0.4mg为止。

（6）计算悬浮固体的含量：

$$悬浮固体含量(mg/L) = (A - B) \times 1000 \times 1000/V$$

式中　A——悬浮固体加滤膜及称量瓶质量，g；

B——滤膜及称量瓶质量，g；

V——水样体积，mL。

（四）注意事项

（1）树叶、木棒、水草等杂质应先从水中除去。

（2）废水黏度高时，可加2～4倍蒸馏水稀释，振荡均匀，待沉淀物下降后再过滤。

（3）也可采用石棉坩埚进行过滤。

（五）思考题

（1）什么叫废水悬浮固体？

（2）测定废水悬浮固体的意义？

三、浊度的测定

（一）原理

浊度是表现水中悬浮物对光线透过时所发生的阻碍程度。水中含有的泥土、粉砂、微细有机物、无机物、浮游动物和其他微生物等悬浮物和胶体物都可使水样呈现浊度。水的浊度大小不仅和水中存在颗粒物含量有关，而且和其粒径大小、形状、颗粒表面对光散射特性有密切关系。

将水样和硅藻土（或白陶土）配制的浊度标准液进行比较。相当于1mg一定黏度的硅藻土（白陶土）在1000mL水中所产生的浊度，称为1度。

（二）实验仪器

（1）具塞比色管（100mL）。

（2）容量瓶（1L）。

(3) 具塞无色玻璃瓶（750mL），玻璃质量和直径均需一致。

(4) 量筒（1L）。

(三) 实验试剂

浊度标准液：

(1) 称取10g通过0.1mm筛孔（150目）的硅藻土，于研钵中加入少许蒸馏水调成糊状并研细，移至1000mL量筒中，加水至刻度。充分搅拌，静置24h，用虹吸法仔细将上层800mL悬浮液移至第二个1000mL量筒中。向第二个量筒内加水至1000mL，充分搅拌后再静置24h。

(2) 虹吸出上层含较细颗粒的800mL悬浮液，弃去。下部沉积物加水稀释至1000mL。充分搅拌后贮于具塞玻璃瓶中，作为浑浊度原液。其中含硅藻土颗粒直径为400μm左右。

(3) 取上述悬浊液50mL置于已恒重的蒸发皿中，在水浴上蒸干。于105℃烘箱内烘2h，置干燥器中冷却30min，称重。重复以上操作，即烘1h，冷却，称重，直至恒重。求出每毫升悬浊液中含硅藻土的质量（mg）。

(4) 吸取含250mg硅藻土的悬浊液，置于1000mL容量瓶中，加水至刻度，摇匀。此溶液浊度为250度。

(5) 吸取浊度为250度的标准液100mL置于250mL容量瓶中，用水稀释至标线。此溶液即为浊度为100度的标准液。

于上述原液和各标准液中加入1g氯化汞，以防菌类生长。

(四) 实验步骤

1. 浊度低于10度的水样

(1) 分别吸取浊度为100度的标准液0mL、1.0mL、2.0mL、3.0mL、4.0mL、5.0mL、6.0mL、7.0mL、8.0mL、9.0mL、10.0mL于100mL比色管中，加水稀释至标线，混匀。即得浊度依次为0度、1.0度、2.0度、3.0度、4.0度、5.0度、6.0度、7.0度、8.0度、9.0度、10.0度的标准液。

(2) 取100mL摇匀水样置于100mL比色管中，与浊度标准液进行比较。可在黑色底板上，由上往下垂直观察。

2. 浊度为10度以上的水样

(1) 分别吸取浊度为250度的标准液0mL、10mL、20mL、30mL、40mL、50mL、60mL、70mL、80mL、90mL、100mL置于250mL的容量瓶中，加水稀释至标线，混匀。即得浊度为0度、10度、20度、30度、40

度、50度、60度、70度、80度、90度、100度的标准液，移入成套的250mL具塞玻璃瓶中，每瓶加入1g氯化汞，以防菌类生长，密塞保存。

（2）取250mL摇匀水样，置于成套的250mL具塞玻璃瓶中，瓶后放一有黑线的白纸作为判别标志，从瓶前向后观察，根据目标清晰程度，选出与水样产生视觉效果相近的标准液，记下其浊度值。

（3）水样浊度超过100度时，用水稀释后测定。

计算浊度的含量：

$$浊度(度) = A/(B \times C)$$

式中 A——稀释后水样的浊度，度；

B——原水样的体积，mL；

C——稀释倍数。

（五）注意事项

水样应无碎屑及易沉的颗粒。器皿不清洁及水中溶解的空气泡会影响测定结果。如在680nm波长下测定，天然水中存在的淡黄色、淡绿色无干扰。

（六）思考题

（1）什么叫水的浊度？

（2）测定水的浊度意义是什么？

（3）引起天然水呈现浊度的物质有哪些？

（4）浊度测定还有哪些方法？

实验四　水样颜色的测定

一、实验目的和要求

（1）掌握铂钴比色法和稀释倍数法测定水和废水的颜色，不同方法所适用的范围。

（2）复习理论教材《环境监测》第二章有关色度的内容，了解颜色测定的其他方法及各自特点。

二、铂钴比色法

水是无色透明的，当水中存在某些物质时，会表现出一定的颜色。溶解性的有机物、部分无机离子和有色悬浮微粒均可使水着色。

pH 值对色度有较大的影响，在测定色度的同时，应测量溶液的 pH 值。

（一）原理

用氯铂酸钾与氯化钴配成标准色列，与水样进行目视比色。每升水中含有 1mg 铂和 0.5mg 钴时所具有的颜色，称为 1 度，作为标准色度单位。

如水样浑浊，则放置澄清，亦可用离心法或用孔径为 0.45μm 滤膜过滤以去除悬浮物，但不能用滤纸过滤，因为滤纸可吸附部分溶解于水的颜色。

（二）实验仪器

（1）具塞比色管（50mL），其刻线高度应一致。

（2）容量瓶（1000mL）。

（3）移液管。

（4）量筒（250mL）。

（三）实验试剂

铂钴标准溶液：称取 1.246g 氯铂酸钾（K_2PtCl_6）（相当于 500mg 铂）及 1.000g 氯化钴（$CoCl_2 \cdot 6H_2O$）（相当于 250mg 钴），溶于 100mL 水中，加 100mL 盐酸，用水定容至 1000mL。此溶液色度为 500 度，保存在密塞玻璃瓶中，并存放于暗处。

（四）实验步骤

1. 标准色列的配制

向 50mL 比色管中加入 0mL、0.50mL、1.00mL、1.50mL、2.00mL、

2. 50mL、 3. 00mL、 3. 50mL、 4. 00mL、 4. 50mL、 5. 00mL、 6. 00mL、7. 00mL铂钴标准溶液，用水稀释至标线，混匀。各管的色度依次为0度、5度、10度、15度、20度、25度、30度、35度、40度、45度、50度、60度、70度。密塞保存。

2. 水样的测定

（1）分取50. 0mL澄清透明水样于比色管中，如水样色度较大，可酌情少取水样，用水稀释至50. 0mL。

（2）将水样与标准色列进行目视比较。观察时，可将比色管置于白瓷板或白纸上，使光线从管底部向上透过液柱，目光自管口垂直向下观察，记下与水样色度相同的铂钴标准色列的色度。

（五）结果计算

色度计算公式如下：

$$\text{色度(度)} = \frac{A \times 50}{B}$$

式中　A——稀释后水样相当于铂钴标准色列的色度；

B——水样的体积，mL。

（六）注意事项

（1）可用重铬酸钾代替氯铂酸钾配制标准色列。方法是：称取0. 0437g重铬酸钾和1. 000g硫酸钴（$CoSO_4 \cdot 7H_2O$），溶于少量水中，加入0. 50mL硫酸，用水稀释至500mL。此溶液的色度为500度。不宜久存。

（2）如果样品中有泥土或其他分散很细的悬浮物，虽经预处理而得不到透明水样时，则只测其表色。

（3）如果水样色度大于等于60度，用纯水将样品适当稀释后，使色度落入标准色列范围之中再行测定。

三、稀释倍数法

（一）原理

将样品用纯水稀释，目视比较稀释后的样品与纯水，将稀释后刚好看不见颜色时的稀释倍数作为表达颜色的强度，单位为倍。

同时用目视观察样品，检验颜色性质：颜色的深浅（无色、浅色或深色）、色调（红、橙、黄、绿、蓝和紫等），如果可能还包括样品的透明度

(透明、浑浊或不透明)。用文字予以描述。

结果以稀释倍数值和文字描述相结合来表达。

(二) 实验仪器

(1) 具塞比色管 (50mL),其标线高度要一致。

(2) 烧杯。

(三) 实验步骤

(1) 将样品倒入250mL量筒中,静置15min,倾取上层液体作为样品进行测定。

(2) 先通过预实验确定水样的粗略稀释倍数,如果水样的稀释倍数在50倍以内时,按下面第1种方法确定水样的色度;如果水样的稀释倍数超过50倍时,按下面第2种方法确定水样的色度。

第1种方法:在具塞比色管中取样品25mL,用纯水稀释至标线,此次稀释倍数为2倍。将稀释后的样品与装在50mL比色管中的纯水进行比较。比较方法是将两支比色管放在白瓷板或白纸上,使光线通过比色管的底部反射上来。垂直观察液柱,如果液柱有色,则取此比色管中的25mL样品装入另一支空的比色管中,继续用纯水稀释至标线,反复如此操作,直到稀释后样品的颜色与纯水颜色接近。稀释次数为n,则记录稀释倍数为2^n倍。

第2种方法:用移液管吸取5mL样品,放入50mL比色管中,用纯水稀释至刻度,此时样品的稀释倍数为10倍。取此样品25mL放入50mL比色管中,用纯水稀释至刻度,然后按第1种方法与纯水比较,直至稀释后样品的颜色与纯水接近。稀释次数为n,则记录稀释倍数为10×2^n倍。

(四) 注意事项

(1) 如测定水样的真色,应放置澄清取上清液,或用离心法去除悬浮物后测定;如测定水样的表色,应待水样中的大颗粒悬浮物沉降后,取上清液测定。

(2) 进行观察比较时,周围光线强度要适宜,且尽量在相同的光线强度下测试全部样品。

四、思考题

(1) 铂钴比色法和稀释倍数法有什么区别?

(2) 为什么污染较严重的地面水和工业废水要采用稀释倍数法测定?

实验五　水中氨氮的测定

氨氮（NH_3-N）以游离氨（NH_3）或铵盐（NH_4^+）形式存在于水中，两者的组成比取决于水的pH值。当pH值偏高时，游离氨的比例较高。反之，则铵盐的比例为高。

水中氨氮的来源主要为生活污水中含氮有机物受微生物作用的分解产物、某些工业废水，如焦化废水和合成氨化肥厂废水等，以及农田排水。此外，在无氧环境中，水中存在的亚硝酸盐亦可受微生物作用，还原为氨。在有氧环境中，水中氨亦可转变为亚硝酸盐，或继续转变为硝酸盐。

测定水中各种形态的氮化合物，有助于评价水体被污染和"自净"状况。氨氮含量较高时，对鱼类则可呈现毒害作用。

一、方法的选择

氨氮的测定方法，通常有纳氏试剂比色法、苯酚-次氯酸盐（或水杨酸-次氯酸盐）比色法和电极法等。纳氏试剂比色法具有操作简便、灵敏等特点，水中钙、镁和铁等金属离子、硫化物、醛和酮类、颜色及浑浊等可能干扰测定，需作相应的预处理。苯酚-次氯酸盐比色法具有灵敏、稳定等优点，干扰情况和消除方法同纳氏试剂比色法。电极法通常不需要对水样进行预处理并具有测量范围宽等优点。氨氮含量较高时，尚可采用蒸馏-酸滴定法。

二、水样的保存

水样采集在聚乙烯瓶或玻璃瓶内，并应尽快分析，必要时可加硫酸将水样酸化至pH值小于2，于2~5℃下存放。酸化样品应注意防止吸收空气中的氨而导致污染。

三、水样的预处理

水样带色或浑浊及含其他一些干扰物质，影响氨氮的测定。为此，在分析时需作适当的预处理。对较清洁的水，可采用絮凝沉淀法；对污染严重的水或工业废水，则以蒸馏法使之消除干扰。

（一）絮凝沉淀法

加适量的硫酸锌于水样中，并加氢氧化钠使溶液呈碱性，生成氢氧化锌沉淀，再经过滤除去颜色和浑浊等。

1. 实验仪器

100mL 具塞量筒或比色管。

2. 实验试剂

（1）硫酸锌溶液（10%）（质量/体积分数）：称取 10g 硫酸锌溶于水，稀释至 100mL。

（2）氢氧化钠溶液（25%）：称取 25g 氢氧化钠溶于水，稀释至 100mL，贮于聚乙烯瓶中。

（3）硫酸，$\rho=1.84$。

3. 实验步骤

取 100mL 水样于具塞量筒或比色管中，加入 1mL 10%硫酸锌溶液和 0.1～0.2mL 25%的氢氧化钠溶液，调节 pH 值至 10.5 左右，混匀。放置使之沉淀，用经无氨水充分洗涤过的中速滤纸过滤，弃去初滤液 20mL。

（二）蒸馏法

调节水样的 pH 值使在 6.0～7.4 的范围，加入适量氧化镁使水样呈微碱性，蒸馏释出的氨被吸收于硫酸或硼酸溶液中。

采用纳氏试剂比色法或酸滴定法时，以硼酸溶液为吸收液；采用水杨酸-次氯酸比色法时，则以硫酸溶液为吸收液。

1. 实验仪器

带氮球的定氮蒸馏装置：500mL 凯氏烧瓶、氮球、直形冷凝管和导管，如图 2-1 所示。

2. 实验试剂

（1）无氨水制备：

1）蒸馏法：每升蒸馏水中加 0.1mL 硫酸，在全玻璃蒸馏器中重蒸馏，弃去 50mL 初馏液，接取其余馏出液于具塞磨口的玻璃瓶中，密塞保存。

2）离子交换法：使蒸馏水通过强酸性阳离子交换树脂柱。水样稀释及试剂配制均用无氨水。

（2）吸收液：

1）硼酸溶液：称取 20g 硼酸溶于水，稀释至 1L。

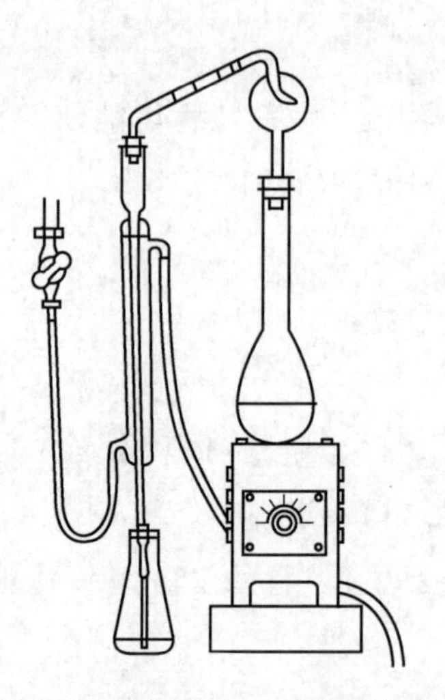

图 2-1 带氮球的定氮蒸馏装置

2）硫酸（H_2SO_4）溶液（0.01mol/L）。

（3）盐酸溶液（1mol/L）。

（4）氢氧化钠溶液（1mol/L）。

（5）轻质氧化镁（MgO）：将氧化镁在500℃下加热，以除去碳酸盐。

（6）0.05%溴百里酚蓝指示液（pH=6.0~7.6）。

（7）防沫剂，如石蜡碎片、玻璃珠。

3. 实验步骤

（1）蒸馏装置的预处理：加250mL蒸馏水于凯氏烧瓶中。加0.25g轻质氧化镁和数粒玻璃珠，加热蒸馏至馏出液不含氨为止，弃去瓶内残液。

（2）分取250mL水样（如氨氮含量较高，可分取适量并加水至250mL，使氨氮含量不超过2.5mg），移入凯氏烧瓶中加数滴溴百里酚蓝指示液，用氢氧化钠溶液或盐酸调节至pH=7左右（水样溶液变蓝）。加入0.25g轻质氧化镁和数粒玻璃珠，立即连接氮球和冷凝管，导管下端插入吸收液液面下。加热蒸馏，至馏出液达200mL时，停止蒸馏。定容至250mL（采用酸滴定法或纳氏试剂比色法时，以50mL硼酸溶液为吸收液；采用水杨酸-次氯酸盐比色法时，改用50mL 0.01mol/L的硫酸溶液为吸收液）。

四、注意事项

（1）蒸馏时应避免发生暴沸，否则可造成馏出液温度升高，氨吸收不完全。

（2）防止在蒸馏时产生泡沫，必要时可加少许石蜡碎片于凯氏烧瓶中。

（3）如含余氯，则应加入适量0.35%的硫代硫酸钠溶液，每0.5mL硫代硫酸钠溶液可除去0.25mg余氯。

五、水样的测定

本实验重点介绍3种水中氨氮的测定方法：纳氏试剂比色法、滴定法、电极法。

（一）纳氏试剂比色法

1. 实验目的和要求

（1）掌握分光光度计的使用方法。

（2）熟悉纳氏试剂光度法测定氨氮的步骤和原理。

（3）学会标准曲线的绘制方法。

2. 实验原理

以游离态的氨或铵离子等形式存在的氨氮与纳氏试剂反应生成淡红棕色络合物，该络合物的吸收光度与氨氮含量成正比，于波长420nm处测量吸光度。

3. 实验仪器

（1）分光光度计，配有光程20mm比色皿。

（2）比色管（50mL）。

（3）移液管（10.0mL、5.0mL）。

4. 实验试剂

配制试剂用水均应为无氨水。

（1）纳氏试剂：可选择下列一种方法制备。

1）二氯化汞-碘化钾-氢氧化钾（$HgCl_2$-KI-NaOH）溶液。

称取15.0g氢氧化钾，溶于50mL水中，冷却至室温。

称取5.0g碘化钾（KI），溶于约10mL水中，在搅拌下将2.50g二氯化汞（$HgCl_2$）粉末分多次加入碘化钾溶液中，直到溶液呈深黄色或出现淡红色沉淀溶解缓慢时，充分搅拌混合，并改为滴加二氯化汞饱和溶液，当出现少量朱红色沉淀不再溶解时，停止滴加。

在搅拌下将冷却的氢氧化钾溶液缓慢地加入上述二氯化汞和碘化钾的混合液中，并稀释至100mL，于暗处静置24h，倾出上清液，贮于聚乙烯瓶内，用橡皮塞或聚乙烯盖子盖紧，存放暗处，可稳定 1 个月。

2）碘化汞-碘化钾-氢氧化钾（HgI_2-KI-NaOH）溶液。

称取 16.0g 氢氧化钠，溶于 50mL 水中，充分冷却至室温。

称取 7.0g 碘化钾（KI）和 10.0g 碘化汞（HgI_2），溶于水，然后将此溶液在搅拌下缓缓加入上述 50mL 氢氧化钠溶液中，用水稀释至 100mL，贮于聚乙烯瓶中，用橡皮塞或聚乙烯盖子盖紧，于暗处存放，有效期 1 年。密塞保存。

（2）酒石酸钾钠溶液：称取 50.0g 酒石酸钾钠（$KNaC_4H_4O_6 \cdot 4H_2O$）溶于 100mL 水中，加热煮沸以除去氨，充分冷却后，稀释至 100mL。

（3）铵标准贮备溶液（$\rho = 1000\mu g/mL$）：称取 3.819g 氯化铵（NH_4Cl，优级纯，在 100~105℃干燥 2h），溶于水中，移入 1000mL 容量瓶中，稀释至标线，可在 2~5℃保存 1 个月。

（4）铵标准工作液（$\rho = 10\mu g/mL$）：吸取 5.00mL 铵标准贮备液于 500mL 容量瓶中，稀释至刻度。临用前配置。

5. 实验步骤

（1）校准曲线：在 8 支 50mL 比色管中，分别加入 0.00mL、0.50mL、1.00mL、2.00mL、4.00mL、6.00mL、8.00mL、10.00mL 铵标准工作液，其对应的质量分别为 0.0μg、5.0μg、10.0μg、20.0μg、40.0μg、60.0μg、80.0μg、100.0μg，加水至标线。加入 1.0mL 酒石酸钾钠溶液，摇匀，再加入纳氏试剂 1.5mL 二氯化汞-碘化钾-氢氧化钾溶液或 1.0mL 碘化汞-碘化钾-氢氧化钾溶液，摇匀。放置 10min 后，在波长 420nm 下，用光程 20mm 比色皿以水为参比测量吸光度。

以空白校正后的吸光度为纵坐标，以其对应的氨氮含量（μg）为横坐标，绘制校准曲线。

根据待测样品的质量浓度也可选用 10mm 比色皿。

（2）水样的测定：

1）洁净水样 直接取 50mL，按与校准曲线相同的步骤测量吸光度。

2）有悬浮物或色度干扰的水样：取经预处理的水样 50mL（若水样中氨氮质量浓度超过 2mg/L，可适当少取水样体积），按与校准曲线相同的步骤测量吸光度。

注：经蒸馏或酸性条件下煮沸方法预处理的水样，须加一定量的氢氧化

钠溶液，调节水样至中性，用水稀释至50mL标线，再按与校准曲线相同的步骤测量吸光度。

（3）空白实验：以水代替水样，按与样品相同的步骤进行前处理和测定。

6. 数据处理

由水样测得的吸光度减去空白实验的吸光度后，从校准曲线上查得氨氮质量 m(mg)，则氨氮含量 N(mg/L) 为：

$$N = \frac{m}{V} \times 1000$$

式中　m——由校准曲线查得的氨氮质量，mg；

　　V——水样体积，mL。

7. 注意事项

（1）纳氏试剂的配置：为了保证纳氏试剂有良好的显色能力，配置时务必控制 $HgCl_2$ 的加入量，至微量 HgI_2 红色沉淀不再溶解时为止。配置100mL纳氏试剂所需 $HgCl_2$ 和 KI 的用量之比约为2.3∶5。在配置时为了加快反应速度、节省配置时间，可低温加热进行，防止 HgI_2 红色沉淀的提前出现。

（2）酒石酸钾钠的配置：酒石酸钾钠试剂中铵盐含量较高时，仅加热煮沸或加纳氏试剂沉淀不能完全除去氨。此时可加入少量氢氧化钠溶液，煮沸蒸发掉溶液体积的20%~30%，冷却后永久无氨水稀释至原体积。

（3）絮凝沉淀：滤纸中含有一定量的可溶性铵盐，定量滤纸中含量高于定性滤纸，建议采用定性滤纸过滤，过滤前用无氨水少量多次淋洗（一般为100mL），这样可减少或避免滤纸引入的测量误差。

（4）水样的蒸馏：蒸馏过程中，某些有机物很可能与氨同时馏出，对测定有干扰，其中有些物质（如甲醛）可以在酸性条件（$pH<1$）下煮沸除去。在蒸馏刚开始时，氨气蒸出速度较快，加热不能过快，否则造成水样暴沸，馏出液温度升高，氨吸收不完全。馏出液速率保持在10mL/min左右。

部分工业废水，可加入石蜡碎片等做防沫剂。

（5）干扰及消除：水样中含有悬浮物、余氯、钙镁等金属离子、硫化物和有机物时会产生干扰，含有此类物质时要作适当处理，以消除对测定的影响。

若样品中存在余氯，可加入适量的硫代硫酸钠溶液去除，用淀粉-碘化钾试纸检验余氯是否除尽。在显色时加入适量的酒石酸钾钠溶液，可消除钙镁等金属离子的干扰。若水样浑浊或有颜色时可用预蒸馏法或絮凝沉淀法处理。

（6）方法的适用范围：当水样体积为50mL、使用20mm比色皿时，本法的检出限为0.025mg/L，测定下限为0.10mg/L，测定上限为2.0mg/L（均以N计）。本法可适用于地表水、地下水、工业废水和生活污水中的氨氮测定。

（7）水样的保存：水样采集在聚乙烯瓶或玻璃瓶内，并应尽快分析，必要时可加硫酸将水样酸化至pH值小于2，于2~5℃下存放。酸化样品应注意防止被空气中的氨所污染。

（8）其他：纳氏试剂中碘化汞与碘化钾的比例，对显色反应的灵敏度有较大影响，静置后生成的沉淀应除去。

滤纸中常含痕量铵盐，使用时应用无氨水洗涤，所用玻璃皿应避免被实验室空气中的氨玷污。

8. 思考题

（1）生活污水处理过程中氨氮的来源有哪些？

（2）生活污水处理过程中氮是如何转化的？

（3）预处理絮凝沉淀时pH值调至10.5左右，为什么？

（4）过滤时为什么要弃去初滤液20mL？

（5）如何提高校准曲线的精确度？

（二）滴定法

1. 方法原理

滴定法仅适用于已进行蒸馏预处理的水样。调节水样至pH=6.0~7.4范围，加入氧化镁使水样呈微碱性。加热蒸馏，释出的氨被吸收入硼酸溶液中，以甲基红-亚甲蓝为指示剂，用酸标准溶液滴定馏出液的铵。

当水样中含有在此条件下可被蒸馏出并在滴定时能与酸反应的物质，如挥发性胺类等时，则将使测定结果偏高。

2. 实验仪器

（1）酸式滴定管。

（2）锥形瓶（100mL、250mL）。

3. 实验试剂

（1）混合指示液：称取200mg甲基红溶于100mL 95%乙醇；另称取

100mg 亚甲基蓝（methylene blue）溶于 50mL 95%乙醇。以两份甲基红溶液与一份亚甲蓝溶液混合。混合液一个月配制一次。

注：为使滴定终点明显，必要时添加少量甲基红溶液或亚甲蓝溶液于混合指示液中，以调节二者的比例至合适为止。

（2）硫酸标准溶液（$1/2H_2SO_4=0.020mol/L$）：分取 5.6mL（1+9）硫酸溶液于 1000mL 容量瓶中，稀释至标线，混匀。按下述操作进行标定。

称取经 180℃干燥 2h 的基准试剂级无水碳酸钠（Na_2CO_3）约 0.5g（称准至 0.0001g），溶于新煮沸放冷的水中，移入 500mL 容量瓶中，稀释至标线。移取 25.00mL 碳酸钠溶液于 150mL 锥形瓶中，加 25mL 水，加 1 滴 0.05%的甲基橙指示液，用硫酸溶液滴定至淡红色止。记录用量，用下式计算硫酸溶液的浓度：

$$\text{硫酸溶液浓度}(1/2\ H_2SO_4,\ mol/L)=\frac{W\times 1000}{V\times 52.995}\times\frac{25}{500}$$

式中　W——碳酸钠的质量，g；

V——硫酸溶液的体积，mL。

（3）0.05%甲基橙指示液。

4. 实验步骤

（1）水样预处理：同纳氏试剂比色法。

（2）水样的测定：向硼酸溶液吸收的、经预处理后的水样中，加 2 滴混合指示液，用 0.020mol/L 硫酸溶液滴定至绿色转变成淡紫色止，记录硫酸溶液的用量。

（3）空白实验：以无氨水代替水样，同水样全程序步骤进行测定。

5. 计算

$$\text{氨氮含量}\ N(mg/L)=\frac{(A-B)\times M\times 14\times 1000}{V}$$

式中　A——滴定水样时消耗酸溶液体积，mL；

B——空白实验消耗硫酸溶液体积，mL；

M——硫酸溶液浓度，mol/L；

V——水样体积，mL；

14——氨氮中氮的摩尔质量。

6. 注意事项

（1）纳氏试剂中碘化汞与碘化钾的比例，对显色反应的灵敏度有较大影响，静置后生成的沉淀应除去。

（2）滤纸中常含痕量铵盐，使用时注意用无氨水洗涤，所用玻璃器皿应避免实验室空气中氨的沾污。

（三）电极法

1. 原理

氨气敏电极为一复合电极，以 pH 玻璃电极为指示电极，银-氯化银电极为参比电极。此电极对置于盛有 0.1mol/L 氯化铵内充液的塑料套管中，管端部紧贴指示电极，敏感膜处装有疏水半渗透薄膜，使内电解液与外部试液隔开，半透膜与 pH 玻璃电极间有一层很薄的液膜。当水样中加入强碱溶液将 pH 值提高到 11 以上时，铵盐转化为氨，生成的氨由于扩散作用而通过半透膜（水和其他离子则不能通过），使氯化铵电解质液膜层内 $NH_4^+ \rightleftharpoons NH_3 + H^+$ 的反应向左移动，引起氢离子浓度改变，由 pH 玻璃电极测得其变化。在恒定的离子强度下，测得的电动势与水样中氨氮浓度的对数呈一定的线性关系。由此，可从测得的电位值确定样品中氨氮的含量。

挥发性胺产生正干扰，汞和银因同氨络合力强而有干扰，高浓度溶解离子影响测定。

该方法可用于测定饮用水、地面水、生活污水及工业废水中氨氮的含量。色度和浊度对测定没有影响，水样不必进行预蒸馏。标准溶液和水样的温度应相同，含有溶解物质的总浓度也要大致相同。

该方法的最低检出浓度为 0.03mg/L 氨氮；测定上限为 1400mg/L 氨氮。

2. 实验仪器

（1）离子活度计或带扩展毫伏的 pH 计。

（2）氨气敏电极。

（3）电磁搅拌器。

3. 实验试剂

所有试剂均用无氨水配制。

（1）铵标准贮备液：同纳氏试剂比色法的试剂（3）。

（2）0.1mg/L、1.0mg/L、10.0mg/L、100.0mg/L、1000.0mg/L 的铵标准使用液：用铵标准贮备液稀释配制。

（3）电极内充液：0.1mol 氯化铵溶液。

（4）氢氧化钠混合溶液：内含氢氧化钠 5mol/L，EDTA 二钠盐 0.5mol/L。

4. 实验步骤

(1) 实验仪器和电极的准备：按使用说明书进行，调试仪器。

(2) 标准曲线的绘制：吸取 10.00mL 浓度为 0.1mg/L、1.0mg/L、10.0mg/L、100.0mg/L、1000.0mg/L 的铵标准溶液于 25mL 小烧杯中，浸入电极后加入 1.0mL 氢氧化钠混合溶液，在搅拌下，读取稳定的电位值(1min 内变化不超过 1mV 时，即可读数)。在半对数坐标线上绘制 E-lg$c$ 的标准曲线。

(3) 水样的测定：取 10.00mL 水样，以下步骤与标准曲线绘制相同。由测得的电位值，在标准曲线上直接查得水样中的氨氮含量（mg/L)。

5. 注意事项

(1) 绘制标准曲线时，可以根据水样中氨氮含量，自行取舍三个或四个标准点。

(2) 实验过程中，应避免由于搅拌器发热而引起被测溶液温度上升，影响电位值的测定。

(3) 当水样酸性较大时，应先用碱液调至中性后，再加离子强度调节液进行测定。

(4) 水样不要加氯化汞保存。

(5) 搅拌速度应适当，不可使其形成涡流，避免在电极处产生气泡。

(6) 水样中盐类含量过高时，将影响测定结果。必要时，应在标准溶液中加入相同量的盐类以消除误差。

6. 思考题

(1) 配制酒石酸钾钠溶液时为什么要将溶液煮沸？

(2) 酒石酸钾钠并不与氨氮反应，为什么还要加它？

实验六　水中铬的测定（分光光度法）

一、实验目的和要求

（1）掌握水中六价铬和总铬的测定方法；熟练应用分光光度计。

（2）预习测定水和废水中金属化合物的实验原理和方法。

二、六价铬的测定

（一）实验原理

废水中铬的测定常用分光光度法，是在酸性溶液中，六价铬离子与二苯碳酰二肼反应，生成紫红色化合物，其最大吸收波长为540nm，吸光度与浓度的关系符合比尔定律。

（二）实验仪器

（1）分光光度计、比色皿（1cm、3cm）。

（2）50mL具塞比色管、移液管、容量瓶等。

（三）实验试剂

（1）丙酮。

（2）（1+1）硫酸。

（3）（1+1）磷酸。

（4）氢氧化钠溶液（0.2%）（质量/体积分数）。

（5）氢氧化锌共沉淀剂：称取硫酸锌（$ZnSO_4 \cdot 7H_2O$）8g，溶于100mL水中；称取氢氧化钠2.4g，溶于120mL水中。将以上两溶液混合。

（6）高锰酸钾溶液（4%）（质量/体积分数）。

（7）铬标准贮备液：称取于120℃干燥2h的重铬酸钾（优级纯）0.2829g，用水溶解，移入1000mL容量瓶中，用水稀释至标线，摇匀。每毫升贮备液含0.100μg六价铬。

（8）铬标准使用液：吸取5.00mL铬标准贮备液于500mL容量瓶中，用水稀释至标线，摇匀。每毫升标准使用液含1.00μg六价铬。使用当天配制。

（9）尿素溶液（20%）（质量/体积分数）。

（10）亚硝酸钠溶液（2%）（质量/体积分数）。

（11）二苯碳酰二肼溶液：称取二苯碳酰二肼（简称 DPC，$C_{13}H_{14}N_4O$）0.2g，溶于 50mL 丙酮中，加水稀释至 100mL，摇匀，贮于棕色瓶内，置于冰箱中保存。颜色变深后不能再用。

（四）实验步骤

1. 水样预处理

（1）对不含悬浮物、低色度的清洁地面水，可直接进行测定。

（2）如果水样有色但不深，可进行色度校正。即另取一份试样，加入除显色剂以外的各种试剂，以 2mL 丙酮代替显色剂，以此溶液为测定试样溶液吸光度的参比溶液。

（3）对浑浊、色度较深的水样，应加入氢氧化锌共沉淀剂并进行过滤处理。

（4）水样中存在次氯酸盐等氧化性物质时会干扰测定，可加入尿素和亚硝酸钠消除。

（5）水样中存在低价铁、亚硫酸盐、硫化物等还原性物质时，可将 Cr^{6+} 还原为 Cr^{3+}，此时，调节水样 pH 值至 8，加入显色剂溶液，放置 5min 后再酸化显色，并以同法作标准曲线。

2. 标准曲线的绘制

取 9 支 50mL 比色管，依次加入 0.00mL、0.20mL、0.50mL、1.00mL、2.00mL、4.00mL、6.00mL、8.00mL、10.00mL 铬标准使用液，用水稀释至标线，加入（1+1）硫酸 0.5mL 和（1+1）磷酸 0.5mL，摇匀。加入 2mL 显色剂溶液，摇匀。5~10min 后，于 540nm 波长处，用 1cm 或 3cm 比色皿，以水为参比，测定吸光度并作空白校正。以吸光度为纵坐标、相应六价铬含量为横坐标绘出标准曲线。

3. 水样的测定

取适量（含 Cr^{6+} 少于 50μg）无色透明或经预处理的水样于 50mL 比色管中，用水稀释至标线，测定方法同标准溶液。进行空白校正后根据所测吸光度从标准曲线上查得 Cr^{6+} 含量。

（五）结果计算

$$Cr^{6+}\text{ 含量(mg/L)} = \frac{m}{V}$$

式中　m——从标准曲线上查得的 Cr^{6+} 质量，μg；

V——水样的体积，mL。

（六）思考题

（1）本法依据国标是什么，检出限范围是多少，使用什么样的水质？

（2）如何测定水样中的总铬？

三、总铬的测定

（一）实验原理

实验原理同水中六价铬的测定，但需先用高锰酸钾将水样中的三价铬氧化为六价，再用本法测定。

（二）实验仪器

同 Cr^{6+}测定。

（三）实验试剂

（1）硝酸、硫酸、三氯甲烷。

（2）（1+1）氢氧化铵溶液。

（3）铜铁试剂（5%）（质量/体积分数）：称取 5g 铜铁试剂 $C_6H_5N(NO)ONH_4$，溶于冰冷水中并稀释至 100mL。临用时现配。

（4）其他试剂同六价铬的测定试剂。

（四）实验步骤

1. 水样预处理

（1）一般清洁地面水可直接用高锰酸钾氧化后测定。

（2）对含大量有机物的水样，需进行消解处理。即取 50mL 或适量（含铬少于 50μg）水样，置于 150mL 烧杯中，加入 5mL 硝酸和 3mL 硫酸，加热蒸发至冒白烟。如溶液仍有色，再加入 5mL 硝酸，重复上述操作，至溶液清澈，冷却。用水稀释至 10mL，用氢氧化铵溶液中和至 pH=1~2，移入 50mL 容量瓶中，用水稀释至标线，摇匀，供测定。

（3）如果水样中钼、钒、铁、铜等含量较大，先用铜铁试剂-三氯甲烷萃取除去，然后再进行消解处理。

2. 高锰酸钾氧化三价铬

取 50.0mL 或适量（铬含量少于 50μg）清洁水样或经预处理的水样（如不到 50.0mL，用水补充至 50.0mL）于 150mL 锥形瓶中，用氢氧化铵和硫酸溶液调至中性，加入几粒玻璃珠，加入（1+1）硫酸和（1+1）磷酸各

0.5mL，摇匀。加入4%高锰酸钾溶液2滴，如紫色消退，则继续滴加高锰酸钾溶液至保持紫红色。加热煮沸至溶液剩约20mL。冷却后，加入1mL 20%的尿素溶液，摇匀。用滴管加2%亚硝酸钠溶液，每加一滴充分摇匀，至紫色刚好消失。稍停片刻，待溶液内气泡逸尽，转移至50mL比色管中，稀释至标线，供测定。

标准曲线的绘制、水样的测定和计算同六价铬的测定。

（五）注意事项

（1）用于测定铬的玻璃器皿不应用重铬酸钾洗液洗涤。

（2）Cr^{6+}与显色剂的显色反应一般控制酸度在0.05～0.3mol/L（1/2 H_2SO_4）范围，以0.2mol/L时显色最好。显色前，水样应调至中性。显色温度和放置时间对显色有影响，在15℃时，5～15min颜色即可稳定。

（3）如测定清洁地面水样，显色剂可按以下方法配制：溶解0.2g二苯碳酰肼于100mL 95%的乙醇中，边搅拌边加入（1+9）硫酸400mL。该溶液在冰箱中可存放一个月。用此显色剂，在显色时直接加入2.5mL即可，不必再加酸。但加入显色剂后，要立即摇匀，以免Cr^{6+}可能被乙酸还原。

实验七　原子吸收分光光度法测定水中 Cu、Zn 含量

一、目的要求

(1) 掌握原子吸收分光光度法的基本原理。

(2) 了解原子吸收分光光度计的基本结构及其使用方法。

(3) 掌握火焰原子吸收光谱分析的基本操作，加深对灵敏度、准确度、空白等概念的认识。

(4) 应用标准曲线法测定水中 Cu、Zn 含量。

二、实验原理

原子吸收分光光度法是基于物质所产生的原子蒸气对特定谱线（待测元素的特征谱线）的吸收作用进行定量分析的一种方法。

若使用锐线光源，待测组分为低浓度，在一定的实验条件下，基态原子蒸气对共振线的吸收符合下式：

$$A = \varepsilon c l$$

当 l 以 cm 为单位、c 以 mol/L 为单位表示时，ε 称为摩尔吸收系数，单位为 mol/(L · cm)。上式就是 Lambert-Beer 定律的数学表达式。如果控制 l 为定值，上式变为：

$$A = Kc$$

上式就是原子吸收分光光度法的定量基础，定量方法可用标准加入法或标准曲线法。

标准曲线法是原子吸收分光光度分析中常用的定量方法，常用于未知试液中共存的基体成分较为简单的情况，如果溶液中基体成分较为复杂，则应在标准溶液中加入相同类型和浓度的基体成分，以消除或减少基体效应带来的干扰，必要时须采用标准加入法而不是标准曲线法。标准曲线法的标准曲线有时会发生向上或向下弯曲现象。要获得线性好的标准曲线，必须选择适当的实验条件，并严格实行。

三、实验仪器

(1) TAS -986 型原子吸收分光光度计。

（2）比色管（50mL）。

（3）容量瓶（100mL）。

（4）移液管或移液枪（5mL）。

（5）小烧杯（50mL）。

四、实验试剂

（1）Cu 标准贮备液（1mg/mL）：准确称取 1.0000g 纯铜粉于 1000mL 烧杯中，加 5mL 浓硝酸溶液溶解后，移入 1000mL 容量瓶中，加水稀释至刻度，摇匀。

（2）Zn 标准贮备液（1mg/mL）：准确称取 1.0000g 纯锌粉于 1000mL 烧杯中，加 5mL 浓硝酸溶液溶解后，移入 1000mL 容量瓶中，加水稀释至刻度，摇匀。

（3）Cu 标准溶液的配制（50μg/mL）：移取 1mg/mL 铜标准贮备液 5.00mL 于 100mL 容量瓶中加水定容，摇匀。

（4）Zn 标准溶液的配制（50μg/mL）：移取 1mg/mL 铜标准贮备液 5.00mL 于 100mL 容量瓶中加水定容，摇匀。

（5）Cu、Zn 混合标准溶液的配制：配置铜浓度为 0.00μg/mL、1.00μg/mL、2.00μg/mL、3.00μg/mL、4.00μg/mL、5.00μg/mL，锌浓度为 0.00μg/mL、0.25μg/mL、0.50μg/mL、1.00μg/mL、1.50μg/mL、2.00μg/mL 的混合标准溶液。

（6）未知水样：Cu 浓度约为 50μg/mL，Zn 浓度约为 30μg/mL。

五、实验步骤

（1）配制 Cu、Zn 标准溶液。

（2）配置水样溶液：准确吸取适量水样于 50mL 比色管中，用水稀释至刻度，摇匀备用（做平行样）。

（3）根据实验条件，将原子吸收分光光度计，按仪器操作步骤进行调节，待仪器电路和气路系统达到稳定，即可测定以上各溶液的吸光度。

六、数据处理

（1）记录实验条件。仪器型号为 TAS-986 原子吸收分光光度计。Cu、Zn

的测定条件见表 2-3。

表 2-3　Cu、Zn 的测定条件

元素	特征谱/nm	灯电/mA	光谱通带/nm	燃气流量/mL·min^{-1}	燃烧器高度/mm
Cu	324.7	3.0	0.4	2000	5.0
Zn	213.8	3.0	0.4	1000	6.0

（2）列表记录测量 Cu、Zn 标准系列和样品溶液的吸光度。实验数据见表 2-4。

表 2-4　实验数据

标准样号	1	2	3	4	5	6	水样 1	水样 2
Cu 浓度/μg·mL^{-1}	0.00	1.00	2.00	3.00	4.00	5.00		
吸光度 A								
Zn 浓度/μg·mL^{-1}	0.00	0.25	0.50	1.00	1.50	2.00		
吸光度 A								

七、思考题

（1）原子吸收光谱的理论依据是什么？

（2）原子吸收分光光度分析为何要用待测元素的空心阴极灯做光源，能否用氢灯或钨灯代替，为什么？

（3）如何选择最佳的实验条件？

实验八　高锰酸盐指数的测定

一、实验目的和要求

（1）掌握高锰酸盐指数的测定原理和方法。

（2）了解水中高锰酸盐指数的测定意义。

（3）学习高锰酸盐指数与生化需氧量、化学需氧量的关系。

二、实验原理

水样加 H_2SO_4 呈酸性后，加入一定量的 $KMnO_4$ 溶液，在沸水浴中加热一段时间，使其中的还原性物质氧化，剩余的 $KMnO_4$ 用一定量过量的 $Na_2C_2O_4$ 还原，再以 $KMnO_4$ 回滴过量的 $Na_2C_2O_4$，通过计算求出高锰酸盐指数值。

三、实验仪器

（1）水浴和相当的加热装置。

（2）酸式棕色滴定管。

（3）250mL 锥形瓶。

（4）移液管。

四、实验试剂

（1）无有机物水（不含还原性物质的水）：将 1000mL 去离子水置于全玻璃蒸馏器中，加入 10mL H_2SO_4 和 $KMnO_4$（1/5$KMnO_4$ 含量约为 0.1mol/L）蒸馏。弃去 100mL 初馏液，余下馏出液贮于具塞的细口瓶中，以下试剂均由此水配制。

（2）（1+3）H_2SO_4 溶液。

（3）草酸钠标准贮备液（1/2 $Na_2C_2O_4$ 含量为 0.10000mol/L）：称取 0.6705g（经 120℃烘干 2h 后放于干燥器）$Na_2C_2O_4$ 溶于去离子水中，转至 100mL 容量瓶中，用水稀释至标线，摇匀，置 4℃保存。

（4）草酸钠标准溶液（1/2 $Na_2C_2O_4$ 含量为 0.0100mol/L）：吸取 10.00mL 上述草酸钠贮备液于 100mL 容量瓶中，加水稀释至标线，混匀。

（5）高锰酸钾标准贮备液（$1/5KMnO_4$ 含量为 0.1mol/L）：称取 3.3g $KMnO_4$ 溶于水并稀释至 1050mL。于 90～95℃ 水浴加热 2h，冷却定容至 1000mL。存放 2 天，过滤或倾出清液，贮于棕色瓶中。

（6）高锰酸钾标准溶液（$1/5KMnO_4$ 含量为 0.01mol/L）：吸取上述 $KMnO_4$ 贮备液 100mL 于 1000mL 容量瓶中，用水稀释至刻线，混匀。此溶液在暗处可保存几个月，使用时当天标定其浓度。

五、实验步骤

（1）吸取 100.0mL 经充分摇匀的水样（或取适量水样，稀释至 100mL），置于 250mL 锥形瓶中，加入 5mL（1+3）H_2SO_4，加入 10.00mL $KMnO_4$ 标准溶液（0.01mol/L），摇匀。将锥形瓶置于沸水浴中加热 30min（水浴沸腾开始记时）或明火加热 10min（从出现第一气泡始记时）。

（2）取出后趁热（60～80℃）加入 10.00mL 的 0.0100mol/L $Na_2C_2O_4$ 标准溶液至溶液变为无色。趁热用 0.01mol/L $KMnO_4$ 标准溶液滴定到刚出现粉红色，并保持 30s 不褪色。记录消耗的 $KMnO_4$ 溶液的体积 V_1。

（3）空白实验：用 100.0mL 水代替水样，按上述步骤测定，记录回滴的 $KMnO_4$ 溶液的体积 V_0。

（4）校正系数 K 值实验（即标定高锰酸钾标准溶液）：吸取上述空白实验滴定终点后的溶液 100.0mL 置于 250mL 锥形瓶中，加入 10.00mL 的 0.01mol/L $Na_2C_2O_4$ 标准溶液，将溶液加热至 60～80℃，用 0.01mol/L $KMnO_4$ 滴定至刚出现粉红色，并保持 30s 不褪色。记录消耗的 $KMnO_4$ 溶液的体积 V_2。即有：

$$K = 10/V_2$$

表示每毫升 0.01mol/L $KMnO_4$ 相当于 0.01mol/L $Na_2C_2O_4$ 的毫升数。

六、结果计算

（1）不经稀释的水样：

$$高锰酸盐指数(O_2,\ mg/L) = \frac{\left[(10 + V_1)\dfrac{10}{V_2} - 10\right] \times c \times 8 \times 1000}{V}$$

式中　V_1——滴定水样时消耗高锰酸钾标准溶液的体积，mL；

V_2——标定高锰酸钾标准溶液时消耗高锰酸钾标准溶液的体积，mL；

c——草酸标准溶液的浓度，0.0100mol/L。

（2）如样品经稀释后测定，则按下式计算：

高锰酸盐指数(O_2，mg/L)

$$=\frac{\left\{\left[(10+V_1)\times\frac{10}{V_2}-10\right]-\left[(10+V_0)\times\frac{10}{V_2}-10\right]\times f\right\}\times c\times 8\times 1000}{V}$$

式中　V_0——空白实验时消耗高锰酸钾标准溶液的体积，mL；

V——所取水样的体积，mL；

f——稀释水样时，去离子水在100mL测定用体积内所占比例（如取10mL水样用去离子水稀释至100mL，f=0.90）。

七、注意事项

（1）沸水浴的水面要高于锥形瓶的液面。

（2）加热时，如溶液红色退去，说明 $KMnO_4$ 量不够，须重新取样，稀释后测定。

（3）滴定时温度低于60℃，反应速度缓慢，应加热至80℃左右后再滴定。

（4）水样采集后，应加入 H_2SO_4 使 pH<2，抑制微生物繁殖。试样尽快分析，必要时在0~5℃保存，应在48h内测定。取水样的量由外观可初步判断：洁净透明的水样取100mL；污染严重、浑浊的水样取10~30mL，补加蒸馏水至100mL。

（5）在酸性条件下，草酸钠和高锰酸钾的反应温度应在60~80℃，所以滴定操作必须趁热进行，若溶液温度过低，需适当加热。

八、思考题

（1）测定高锰酸钾指数的理论依据是什么？

（2）测定时应控制哪些因素？

（3）高锰酸钾指数与化学需氧量有什么区别与联系？

实验九　化学需氧量（COD）的测定（重铬酸钾法）

一、实验目的和要求

（1）明确水体化学需氧量的含义及意义。

（2）掌握回流操作和重铬酸钾法测定化学需氧量的原理和方法。

二、实验原理

在强酸性溶液中，一定量的重铬酸钾氧化水样中还原性物质，过量的重铬酸钾以试亚铁灵作指示剂，用硫酸亚铁铵溶液回滴。根据消耗的重铬酸钾量算出水样中还原性物质消耗氧的量。

三、实验仪器

（1）回流装置。带 250mL 锥形瓶的全玻璃回流装置如图 2-2 所示（如取样量在 30mL 以上，则采用 500mL 锥形瓶）。

（2）酸式滴定管（25mL 或 50mL）。

（3）锥形瓶（250mL、300mL、500mL）。

（4）移液管或移液枪。

（5）容量瓶（1000mL）。

图 2-2　全玻璃回流装置示意图

四、实验试剂

（1）重铬酸钾标准溶液（$1/6K_2Cr_2O_7$ 含量为 0.2500mol/L）：称取预先在 120℃烘干 2h 的基准或优质纯重铬酸钾 12.258g 溶于水中，移入 1000mL 容量瓶，稀释至标线，摇匀。

（2）试亚铁灵指示液：称取 1.485g 邻菲啰啉（$C_{12}H_8N_2 \cdot H_2O$）、0.695g 硫酸亚铁（$FeSO_4 \cdot 7H_2O$）溶于水中，稀释至 100mL，贮于棕色瓶内。

（3）硫酸-硫酸银溶液：于 500mL 浓硫酸中加入 5g 硫酸银。放置 1~2 天，不时摇动使其溶解。

（4）硫酸汞：结晶或粉末。

（5）硫酸亚铁铵标准溶液［$(NH_4)_2Fe(SO_4)_2 \cdot 6H_2O$ 含量约为 0.1mol/L］：称取 39.5g 硫酸亚铁铵溶于水中，边搅拌边缓慢加入 20mL 浓硫酸，冷却后移入 1000mL 容量瓶中，加水稀释至标线，摇匀。临用前，用重铬酸钾标准溶液标定。

标定方法：准确吸取 10.00mL 重铬酸钾标准溶液于 300mL 锥形瓶中，加水稀释至 110mL 左右，缓慢加入 30mL 浓硫酸，混匀。冷却后，加入 3 滴试亚铁灵指示液（约 0.15mL），用硫酸亚铁铵溶液滴定，溶液的颜色由黄色经蓝绿色至红褐色即为终点。

$$c[(NH_4)_2Fe(SO_4)_2] = \frac{0.2500 \times 10.00}{V}$$

式中　c——硫酸亚铁铵标准溶液的浓度，mol/L；

V——硫酸亚铁铵标准滴定溶液的用量，mL。

（6）硫酸-硫酸银溶液：于 2500mL 浓硫酸中加入 25g 硫酸银。放置 1~2 天，不时摇动使其溶解（如无 2500mL 容器，可在 500mL 浓硫酸中加入 5g 硫酸银）。

（7）硫酸汞：结晶或粉末。

五、实验步骤

（1）取 20.00mL 混合均匀的水样（或适量水样稀释至 20.00mL）置于 250mL 磨口的回流锥形瓶中，准确加入 10.00mL 重铬酸钾标准溶液及数粒小玻璃珠或沸石，连接磨口回流冷凝管，从冷凝管上口慢慢地加入 30mL 硫酸-硫酸银溶液，轻轻摇动锥形瓶使溶液混匀，加热回流 2h（自开始沸腾时计时）。

注意：

1）对于化学需氧量高的废水样，可先取上述操作所需体积 1/10 的废水样和试剂，于 15mm×150mm 硬质玻璃试管中，摇匀，加热后观察是否变成绿色。如溶液显绿色，再适当减少废水取样量，直至溶液不变绿色为止，从而确定废水样分析时应取用的体积。稀释时，所取废水样量不得少于 5mL，如果化学需氧量很高，废水样应多次稀释。

2）废水中氯离子含量超过 30mg/L 时，应先把 0.4g 硫酸汞加入回流锥形瓶中，再加 20.00mL 废水（或适量废水稀释至 20.00mL），摇匀。以下操作同上。

（2）冷却后，用 90mL 水冲洗冷凝管壁，取下锥形瓶。溶液总体积不得少于 140mL，否则因酸度太大，滴定终点不明显。

（3）溶液再度冷却后，加3滴试亚铁灵指示液，用硫酸亚铁铵标准溶液滴定，溶液的颜色由黄色经蓝绿色至红褐色即终点，记录硫酸亚铁铵标准溶液的用量。

（4）测定水样的同时，以20.00mL重蒸馏水，按同样操作步骤作空白实验。记录滴定空白时硫酸亚铁铵标准溶液的用量。

六、结果计算

$$COD_{Cr}(O_2, mg/L) = \frac{(V_0 - V_1) \times c \times 8 \times 1000}{V}$$

式中　c——硫酸亚铁铵标准溶液的浓度，mol/L；

V_0——滴定空白时硫酸亚铁铵标准溶液的用量，mL；

V_1——滴定水样时硫酸亚铁铵标准溶液的用量，mL；

V——水样的体积，mL；

8——氧（1/2 O）的摩尔质量，g/mol。

七、注意事项

（1）使用0.4g硫酸汞络合氯离子的最高量可达40mg，如取用20.00mL水样，即最高可络合2000mg/L氯离子浓度的水样。若氯离子浓度较低，亦可少加硫酸汞，保持硫酸汞：氯离子=10：1（质量比）。若出现少量氯化汞沉淀，并不影响测定。

（2）水样取用体积可为10.00~50.00mL，但试剂用量及浓度需按表2-5进行相应调整，也可得到满意的结果。

表2-5　水样取用量和试剂用量

水样体积/mL	0.2500mol/L $K_2Cr_2O_7$ 溶液用量/mL	H_2SO_4-Ag_2SO_4 溶液用量/mL	$HgSO_4$ 用量/g	$FeSO_4(NH_4)_2SO_4$ 浓度/mol·L^{-1}	滴定前总体积/mL
10.0	5.0	15	0.2	0.050	70
20.0	10.0	30	0.4	0.100	140
30.0	15.0	45	0.6	0.150	210
40.0	20.0	60	0.8	0.200	280
50.0	25.0	75	1.0	0.250	350

（3）对于化学需氧量小于50mg/L的水样，应改用0.0250mol/L重铬酸钾标准溶液。回滴时用0.01mol/L硫酸亚铁铵标准溶液。

（4）水样加热回流后，溶液中重铬酸钾剩余量应为加入量的1/5～4/5为宜。

（5）用邻苯二甲酸氢钾标准溶液检查试剂的质量和操作技术时，由于每克邻苯二甲酸氢钾的理论COD_{Cr}为1.176g，所以溶解0.4251g邻苯二甲酸氢钾（$HOOCC_6H_4COOK$）于重蒸馏水中，转入1000mL容量瓶，用重蒸馏水稀释至标线，使之成为500mg/L的COD_{Cr}标准溶液。用时新配。

（6）COD_{Cr}的测定结果应保留三位有效数字。

（7）每次实验时，应对硫酸亚铁铵标准滴定溶液进行标定，室温较高时尤其应注意其浓度的变化。

（8）酸性重铬酸钾氧化性很强，可氧化大部分有机物，加入硫酸银作催化剂时，直链脂肪族化合物可完全被氧化，而芳香族有机物却不易被氧化，吡啶不被氧化，挥发性直链脂肪族化合物、苯等有机物存在于蒸气相中，不能与氧化剂液体接触，氧化不明显。

（9）氯离子能被重铬酸盐氧化，并且能与硫酸银作用产生沉淀，影响测定结果，故在回流前向水样中加入硫酸汞，使之成为配合物以消除干扰。氯离子含量高于2000mg/L的样品应先作定量稀释，使含量降低至2000mg/L以下，再行测定。

（10）方法的适用范围：用0.25mol/L浓度的重铬酸钾溶液可测定大于50mg/L的COD值。用0.025mol/L浓度的重铬酸钾溶液可测定5～50mg/L的COD值，但准确度较差。

八、思考题

（1）加入硫酸银和硫酸汞的目的是什么？

（2）本方法用于测定化学需氧量大于50mg/L的水样，如果化学需氧量小于50mg/L的水样，如何测定，准确度如何？

实验十　溶解氧（DO）的测定

一、实验目的和要求

（1）掌握碘量法测定水中溶解氧（DO）的原理和方法。

（2）巩固滴定分析操作过程。

二、实验原理

溶于水中的氧称为溶解氧，当水体受到还原性物质污染时，溶解氧浓度即下降，而有藻类繁殖时，溶解氧浓度呈过饱和。因此，水体中溶解氧浓度的变化情况，在一定程度上反映了水体受污染的程度，正常水样溶解氧浓度为8~12mg/L。

在水样中分别加入硫酸锰和碱性碘化钾，水中的溶解氧会将低价锰氧化成高价锰，生成四价锰的氢氧化物棕色沉淀。加酸后，沉淀溶解并与碘离子反应，释出游离碘。用淀粉作指示剂，用硫代硫酸钠滴定释出的碘，从而可计算出水样中溶解氧的浓度。反应式及计算式如下：

$$MnSO_4 + 2NaOH = Mn(OH)_2\downarrow(\text{白色}) + Na_2SO_4$$

$$2Mn(OH)_2 + O_2 = 2MnO(OH)_2\downarrow(\text{棕色})$$

$$MnO(OH)_2 + 2KI + 2H_2SO_4 = I_2 + MnSO_4 + K_2SO_4 + 3H_2O$$

$$I_2 + 2Na_2S_2O_3 = 2NaI + Na_2S_4O_6(\text{连四硫酸钠})$$

$$DO(O_2,\ mg/L) = \frac{cV \times 8 \times 1000}{100}$$

式中　c——硫代硫酸钠溶液浓度，mol/L；

V——滴定时消耗硫代硫酸钠体积，mL；

8——氧（1/2 O）的摩尔质量，g/mol。

三、实验仪器

（1）250mL具塞试剂瓶。

（2）50mL酸式滴定管。

（3）移液管。

（4）量筒。

（5）250mL 碘量瓶。

四、实验试剂

（1）硫酸锰溶液：称取 48g 硫酸锰（$MnSO_4 \cdot 4H_2O$）或 52g $MnSO_4 \cdot 5H_2O$ 或 40g $MnSO_4 \cdot 2H_2O$ 或 40g $MnCl \cdot 4H_2O$ 溶于水，并稀释至 100mL。

（2）碱性碘化钾溶液：称取 50g 氢氧化钠（NaOH），在搅拌下溶于 50mL 水中，冷却后，加 15g 碘化钾（KI），稀释至 100mL，盛于具橡皮塞的棕色试剂瓶中。此溶液为强碱性，腐蚀性很大，使用时注意勿溅在皮肤或衣服上。

（3）浓硫酸：密度为 1.84g/mL，强酸腐蚀性很大，使用注意勿溅在皮肤或衣服上。

（4）硫酸溶液（1∶1）：在搅拌下，将 50mL 浓硫酸（$\rho = 1.84$g/mL）小心加入同体积的水中，混匀。盛于试剂瓶中。

（5）硫代硫酸钠溶液［$c(Na_2S_2O_3) = 0.01$mol/L］：称取 2.5g 硫代硫酸钠（$Na_2S_2O_3 \cdot 5H_2O$），用刚煮沸冷却的蒸馏水溶解，加入约 2g 碳酸钠，稀释至 1L，移入棕色试剂瓶中，置于阴凉处保存。

$Na_2S_2O_3$ 溶液浓度的标定：

移取 $K_2Cr_2O_7$ 标准溶液 20.00mL 于 250mL 碘量瓶中，加入 0.5g KI 和 H_2SO_4 溶液（1∶1）2mL，盖上瓶盖混匀并在暗处放置 5min，加纯水 25mL。以 $Na_2S_2O_3$ 溶液滴至淡黄色，加入淀粉溶液 1mL，继续滴至溶液蓝色刚好消失为止，读取滴定管读数 V（双样滴定取平均值），依下式计算 $Na_2S_2O_3$ 溶液的准确浓度：

$$c(Na_2S_2O_3) = \left[\frac{1}{6}c(K_2Cr_2O_7) \times 20.00\right] / V(Na_2S_2O_3)$$

标定时发生的反应如下：

$$K_2Cr_2O_7 + 6KI + 7H_2SO_4 = 3I_2 + Cr_2(SO_4)_3 + 7H_2O + 4K_2SO_4$$

$$2Na_2S_2O_3 + I_2 = 2NaI + Na_2S_4O_6$$

综合上述两式，得 $Na_2S_2O_3$ 相当于 $1/6K_2Cr_2O_7$。

（6）重铬酸钾标准溶液$\left[\frac{1}{6}c(K_2Cr_2O_7) = 0.0100\text{mol/L}\right]$：称取 $K_2Cr_2O_7$ 固体（AR，于 130℃烘 3h）0.4904g，溶解后在 1000mL 容量瓶中定容。

（7）0.5% 淀粉溶液：称取 0.5g 可溶性淀粉，用少量温水搅成糊状，加入100mL煮沸的蒸馏水，混匀，继续煮至透明。冷却后加入1mL乙酸，或者0.5g氯化锌，防止细菌分解，盛于试剂瓶中。

五、实验步骤

（1）水样的采集。采水器出水后，立即套上橡皮管以引出水样。采集时使水样先充满橡皮管并将水管插到瓶底，放入少量水样冲洗水样瓶，然后让水样注入水样瓶，装满后并溢出部分水样（约水样瓶体积的一半），抽出水管并盖上瓶盖（此时瓶中应无空气泡存在）。

（2）水样的固定。打开水样瓶盖，立即依次加入1.0mL $MnSO_4$ 溶液和1.0mL KI-NaOH溶液（加液时移液管尖应插入液面下约1cm处），塞紧瓶盖（瓶内不能有气泡），水中溶解氧越多，颜色越深。溶液程淡黄色甚至无色是缺氧的象征。按住瓶盖将瓶上下颠倒不少于20次，静置让沉淀物尽可能下沉到水样瓶底部。

（3）酸化。小心打开水样瓶瓶盖，于水样瓶中加入 H_2SO_4 溶液2mL，盖上瓶盖摇动水样瓶使沉淀物完全溶解，溶液中有 I_2 析出。

（4）滴定。将酸化后的水样取100mL倒入碘量瓶或锥形瓶中，以 $Na_2S_2O_3$ 溶液滴至淡黄色，加入淀粉溶液1mL，摇匀，再继续滴至无色，倒出少量溶液回洗水样瓶，倒回碘量瓶后再继续滴至蓝色消失为止，记下滴定管读数。

六、结果计算

（1）可按下式计算水样中溶解氧的浓度：

$$DO = [c(Na_2S_2O_3)V_1 \times 8 \times 1000]/100$$

式中　DO——水样中溶解氧的浓度，mg/L；

$c(Na_2S_2O_3)$——$Na_2S_2O_3$ 溶液的浓度，mol/L；

V_1——滴定水样时用去 $Na_2S_2O_3$ 溶液的体积，mL；

100——水样的体积，mL。

（2）溶解氧饱和度为：

$$DO = (DO/DO_s) \times 100\%$$

式中　DO——水样中溶解氧的浓度；

DO_s——相同温度和含盐量条件下水体中溶解氧的饱和浓度。

七、注意事项

（1）采样后须及时固定并避免阳光的强烈照射。水样固定后，如不能立即进行酸化滴定，必须把水样瓶放入桶中水密放置，但一般不得超过24h。

（2）水样固定后，沉淀降至瓶体高一半时，即可进行酸化滴定。

（3）滴定临近终点，速度不宜太慢，否则终点变色不敏锐。如终点前溶液显紫红色，表示淀粉溶液变质，应重新配制。

（4）水样中含有氧化性物质可以析出碘产生正干扰，含有还原性物质消耗碘产生负干扰。

（5）碱性碘化钾中配入1% NaN_3（叠氮化钠），可消除水样中高达2mg/L的NO_2^--N的干扰，此为修正碘量法，常应用于养殖用水中溶氧测定。

（6）同一水样的两次分析结果，其偏差不超过0.08mg/L（或0.06ml/L）。

（7）采水样时应同时测定水温。

（8）溶解于水中的氧称为溶解氧，其浓度以每升水中含氧（O_2）的毫克数表示。水中溶解氧的含量与大气压力、空气中氧的分压及水的温度有密切的关系。在1.013×10^5Pa的大气压力下，空气中含氧气20.9%时，氧在不同温度的淡水中的溶解度也不同。

如果大气压力改变，可按下式计算溶解氧的含量：

$$S_1 = Sp/(1.013 \times 10^5)$$

式中　S_1——大气压力为p(Pa)时的溶解度，mg/L；

S——1.013×10^5Pa时的溶解度，mg/L；

p——实际测定时的大气压力，Pa。

八、思考题

（1）测定溶解氧时干扰物质有哪些，如何处理？

（2）本实验中，用移液管向水样中加入$MnSO_4$、KI-NaOH等溶液时，为何将移液管尖插入液面下？

实验十一 生化需氧量的测定

一、实验目的和要求

（1）掌握用稀释接种法测定 BOD_5 的基本原理和操作技能。

（2）明确化学需氧量和生化需氧量的相关性。

二、实验原理

生化需氧量是指在规定条件下，微生物分解存在于水中的某些可氧化物质，主要是有机物质所进行的生物化学过程中消耗溶解氧的量。5 天培养法也称标准稀释法或稀释接种法。其实验原理是：将水样在 20℃±1℃条件下培养 5 天，分别测定培养前后的溶解氧含量，二者之差即为 5 天生化过程所消耗的氧量（BOD_5）。溶解氧测定方法一般用叠氮化钠修正法。

对于某些地面水及大多数工业废水、生活污水，因含较多的有机物，需要稀释后再培养测定，以降低其浓度，保证降解过程在有足够溶解氧的条件下进行。其具体水样稀释倍数可借助高锰酸钾指数或化学需氧量（COD_{Cr}）推算。如果 BOD_5 未超过 7mg/L，则不必稀释，可直接测定。

对于不含或少含微生物的工业废水，在测定 BOD_5 时应进行接种，以引入能分解废水中有机物的微生物。当废水中存在难于被一般生活污水中的微生物以正常速度降解的有机物或含有剧毒物质时，应接种经过驯化的微生物。

三、实验仪器

（1）恒温培养箱。

（2）5~20L 细口玻璃瓶。

（3）1000~2000mL 量筒。

（4）玻璃搅拌棒：棒长应比所用量筒高度长 200mm，棒的底端固定一个直径比量筒直径略小并有几个小孔的硬橡胶板。

（5）溶解氧瓶：200~300mL，带有磨口玻璃塞，并具有供水封用的钟形口。

（6）虹吸管：供分取水样和添加稀释水用。

四、实验试剂

（1）磷酸盐缓冲溶液：将8.58g磷酸二氢钾（KH_2PO_4）、2.75g磷酸氢二钾（K_2HPO_4）、33.4g磷酸氢二钠（$Na_2HPO_4 \cdot 7H_2O$）和1.7g氯化铵（NH_4Cl）溶于水中，稀释至1000mL。此溶液的pH值应为7.2。

（2）硫酸镁溶液：将22.5g硫酸镁（$MgSO_4 \cdot 7H_2O$）溶于水中，稀释至1000mL。

（3）氯化钙溶液：将27.5g无水氯化钙溶于水，稀释至1000mL。

（4）氯化铁溶液：将0.25g氯化铁（$FeCl_3 \cdot 6H_2O$）溶于水，稀释至1000mL。

（5）盐酸溶液（0.5mol/L）：将40mL（ρ=1.18g/mL）盐酸溶于水，稀释至100mL。

（6）氢氧化钠溶液（0.5mol/L）：将20g氢氧化钠溶于水，稀释至1000mL。

（7）亚硫酸钠溶液$\left[\frac{1}{2}c(Na_2SO_3) = 0.025mol/L\right]$：将1.575g亚硫酸钠溶于水，稀释至1000mL。此溶液不稳定，需每天配制。

（8）葡萄糖-谷氨酸标准溶液：在103℃，将葡萄糖（$C_6H_{12}O_6$）和谷氨酸（$HOOC\text{-}CH_2\text{-}CH_2\text{-}CHNH_2\text{-}COOH$）干燥1h，各称取150mg溶于适量水中，移入1000mL容量瓶内并稀释至标线，混合均匀。此标准溶液临用前配制。

（9）稀释水：在5～20L玻璃瓶内装入一定量的水，控制水温在20℃左右。然后用无油空气压缩机或薄膜泵，将此水曝气2～8h，使水中的溶解氧接近于饱和，也可以鼓入适量纯氧。瓶口盖以两层经洗涤晾干的纱布，置于20℃培养箱中放置数小时，使水中溶解氧含量达8mg/L左右。临用前于每升水中加入氯化钙溶液、氯化铁溶液、硫酸镁溶液、磷酸盐缓冲溶液各1mL，并混合均匀。稀释水的pH值应为7.2，其BOD_5应小于0.2mg/L。

（10）接种液：可选用以下任一方法获得适用的接种液。

1）城市污水，一般采用生活污水，在室温下放置一昼夜，取上层清液供用。

2）表层土壤浸出液，取100g花园土壤或植物生长土壤，加入1L水，充分摇匀混合并静置10min，取上层清溶液供用。

3）含城市污水的河水或湖水。

4）污水处理厂的出水。

5）当分析含有难于降解物质的废水时，在排污口下游3~8km处取水样做为废水的驯化接种液。如无此种水源，可取中和或经适当稀释后的废水进行连续曝气，每天加入少量该种废水，同时加入适量表层土壤或生活污水，使能适应该种废水的微生物大量繁殖。当水中出现大量絮状物，或检查其化学需氧量的降低值出现突变时，表明适用的微生物已进行繁殖，可用做接种液。一般驯化过程需要3~8天。

（11）接种稀释水：取适量接种液，加于稀释水中，混匀。每升稀释水中接种液加入量为：生活污水1~10mL；表层土壤浸出液20~30mL；河水、湖水10~100mL。接种稀释水的pH值应为7.2，BOD_5值以在0.3~1.0mg/L为宜。接种稀释水配制后应立即使用。

五、实验步骤

（一）水样的预处理

（1）水样的pH值若超出6.5~7.5范围时，可用盐酸或氢氧化钠稀溶液调节pH值至近于7，但用量不要超过水样体积的0.5%。若水样的酸度或碱度很高，可改用高浓度的碱或酸液进行中和。

（2）水样中含有铜、铅、锌、镉、铬、砷、氰等有毒物质时，可使用经驯化的微生物接种液的稀释水进行稀释，或提高稀释倍数，降低毒物的浓度。

（3）含有少量游离氯的水样，一般放置1~2h，游离氯即可消失。对于游离氯在短时间不能消散的水样，可加入亚硫酸钠溶液，以除去之。其加入量的计算方法是：取中和好的水样100mL，加入（1+1）乙酸10mL，10%（质量/体积分数）碘化钾溶液1mL，混匀。以淀粉溶液为指示剂，用亚硫酸钠标准溶液滴定游离碘。根据亚硫酸钠标准溶液消耗的体积及其浓度，计算水样中所需加亚硫酸钠溶液的量。

（4）从水温较低的水域或富营养化的湖泊采集的水样，可遇到含有过饱和溶解氧，此时应将水样迅速升温至20℃左右，充分振摇，以赶出过饱和的溶解氧。从水温较高的水域废水排放口取得的水样，则应迅速使其冷却至20℃左右，并充分振摇，使其与空气中氧分压接近平衡。

(二) 水样的测定

1. 不经稀释水样的测定

溶解氧含量较高、有机物含量较少的地面水，可不经稀释，而直接以虹吸法将约 20℃的混匀水样转移至两个溶解氧瓶内，转移过程中应注意不使其产生气泡。以同样的操作使两个溶解氧瓶充满水样后溢出少许，加塞水封，瓶内不能有气泡。立即测定其中一瓶溶解氧浓度。将另一瓶放入培养箱中，在 20℃±1℃培养 5 天后，测其溶解氧浓度。培养期间要每天添加水封，保证瓶内不能进入空气。

2. 需经稀释水样的测定

根据实践经验，稀释倍数用下述方法计算：地表水由测得的高锰酸盐指数乘以适当的系数求得（见表 2-6）。

表 2-6　高锰酸盐指数和系数

高锰酸盐指数/$mg \cdot L^{-1}$	系数	高锰酸盐指数/$mg \cdot L^{-1}$	系数
<5	—	10~20	0.4、0.6
5~10	0.2、0.3	>20	0.5、0.7、1.0

工业废水可由重铬酸钾法测得的 COD 值确定，通常需作三个稀释比，即使用稀释水时，由 COD 值分别乘以系数 0.075、0.15、0.225，可获得三个稀释倍数。使用接种稀释水时，则分别乘以 0.075、0.15 和 0.25，获得三个稀释倍数。

COD_{Cr}值可在测定水样 COD 过程中，加热回流至 60min 时，用由校核实验的邻苯二甲酸氢钾溶液按 COD 测定相同步骤制备的标准色列进行估测。

稀释倍数确定后按下法之一测定水样。

(1) 一般稀释法：按照选定的稀释比例，用虹吸法沿筒壁先引入部分稀释水（或接种稀释水）于 1000mL 量筒中，加入需要量的均匀水样，再引入稀释水（或接种稀释水）至 800mL，用带胶板的玻璃棒小心地上下搅匀。搅拌时勿使搅棒的胶板露出水面，以防止产生气泡。

按不经稀释水样的实验步骤进行装瓶，测定当天溶解氧和培养 5 天后溶解氧的含量。

另取两个溶解氧瓶，用虹吸法装满稀释水（或接种稀释水）作为空白，分别测定 5 天前、后的溶解氧含量。

（2）直接稀释法：直接稀释法是在溶解氧瓶内直接稀释。在已知两个容积相同（其差小于1mL）的溶解氧瓶内，用虹吸法加入部分稀释水（或接种稀释水），再加入根据瓶容积和稀释比例计算出的水样量，然后引入稀释水（或接种稀释水）至刚好充满，加塞，勿留气泡于瓶内。其余操作与上述稀释法相同。

在 BOD_5 测定中，一般采用叠氮化钠修正法测定溶解氧浓度。如遇干扰物质，应根据具体情况采用其他测定法。

六、结果计算

（1）不经稀释直接培养的水样：

$$BOD_5(mg/L) = C_1 - C_2$$

式中 C_1——水样在培养前的溶解氧浓度，mg/L；

C_2——水样经5天培养后，剩余溶解氧浓度，mg/L。

（2）经稀释后培养的水样：

$$BOD_5(mg/L) = \frac{(C_1 - C_2) - (B_1 - B_2)f_1}{f_2}$$

式中 B_1——稀释水（或接种稀释水）在培养前的溶解氧浓度，mg/L；

B_2——稀释水（或接种稀释水）在培养后的溶解氧浓度，mg/L；

f_1——稀释水（或接种稀释水）在培养液中所占比例；

f_2——水样在培养液中所占比例。

七、注意事项

（1）水中有机物的生物氧化过程分为碳化阶段和硝化阶段，测定一般水样的 BOD_5 时，硝化阶段不明显或根本不发生，但对于生物处理池的出水，因其中含有大量硝化细菌，因此，在测定 BOD_5 时也包括了部分含氮化合物的需氧量。对于这种水样，如只需测定有机物的需氧量，应加入硝化抑制剂，如丙烯基硫脲（ATU、$C_4H_8N_2S$）等。

（2）在2个或3个稀释比的样品中，凡消耗溶解氧浓度大于2mg/L和剩余溶解氧浓度大于1mg/L都有效，计算结果时，应取平均值。

（3）为检查稀释水和接种液的质量，以及化验人员的操作技术，可将20mL葡萄糖-谷氨酸标准溶液用接种稀释水稀释至1000mL，测其 BOD_5，其结果应在 180~230mg/L。否则，应检查接种液、稀释水或操作技术是否存在问题。

八、思考题

（1）如何进行水样预处理？

（2）5 天后，DO 瓶中若有白色絮状物，说明什么问题，如何处理？

（3）如何根据 BOD_5 和 COD_{Cr} 的比值来判断废水的可生化性？

实验十二　污水中油的测定

一、实验目的和要求

（1）掌握污水和废水中两种测定油的方法，以及适用范围。

（2）预习理论教材《环境监测》第二章相关内容。

二、重量法

（一）原理

以硫酸酸化水样，用石油醚萃取矿物油，蒸除石油醚后，称其重量。

此法测定的是酸化样品中可被石油醚萃取且在实验过程中不挥发的物质总量。溶剂去除时，使得轻质油有明显损失。由于石油醚对油有选择的溶解，因此，石油的较重成分中可能含有不为溶剂萃取的物质。

（二）实验仪器

（1）分析天平。

（2）恒温箱。

（3）恒温水浴锅。

（4）分液漏斗（1000mL）。

（5）干燥器。

（6）中速定性滤纸（ϕ11cm）。

（三）实验试剂

（1）石油醚：将石油醚（沸程 30～60℃）重蒸馏后使用。100mL 石油醚的蒸干残渣量不应大于 0.2mg。

（2）无水硫酸钠：在 300℃马弗炉中烘 1h，冷却后装瓶备用。

（3）（1+1）硫酸。

（4）氯化钠。

（四）实验步骤

（1）在采集瓶上作一容量记号后（以便以后测量水样体积），将所收集的大约 1L 已经酸化（pH<2）水样，全部转移至分液漏斗中，加入氯化钠，其量约为水样量的 8%。用 25mL 石油醚洗涤采样瓶并转入分液漏斗中，充分

摇匀 3min，静置分层并将水层放入原采样瓶内，石油醚层转入 100mL 锥形瓶中。用石油醚重复萃取水样两次，每次用量 25mL，合并三次萃取液于锥形瓶中。

（2）向石油醚萃取液中加入适量无水硫酸钠（加入至不再结块为止），加盖后，放置 0.5h 以上，以便脱水。

（3）用预先以石油醚洗涤过的定性滤纸过滤，收集滤液于 100mL 已烘干至恒重的烧杯中，用少量石油醚洗涤锥形瓶、硫酸钠和滤纸，洗涤液并入烧杯中。

（4）将烧杯置于 65℃±5℃ 水浴上，蒸出石油醚。然后再置于 65℃±5℃ 恒温箱内烘干 1h，然后放入干燥器中冷却 30min，称量。

（五）结果计算

油含量按下式计算：

$$\text{油含量(mg/L)} = \frac{(W_1 - W_2) \times 10^6}{V}$$

式中　W_1——烧杯加油总重量，g；

W_2——烧杯重量，g；

V——水样体积，mL。

（六）注意事项

（1）分液漏斗的活塞不要涂凡士林。

（2）测定废水中石油类时，若含有大量动、植物性油脂，应取内径 20mm、长 300mm、一端呈漏斗状的硬质玻璃管，填装 100mm 厚活性层析氧化铝（在 150~160℃ 活化 4h，未完全冷却前装好柱），然后用 10mL 石油醚清洗。将石油醚萃取液通过层析柱，除去动、植物性油脂，收集流出液于恒重的烧杯中。

（3）采样瓶应为清洁玻璃瓶，用洗涤剂清洗干净（不要用肥皂）。应定容采样，并将水样全部移入分液漏斗测定，以减少油附着于容器壁上引起的误差。

三、紫外分光光度法

（一）原理

石油及其产品在紫外光区有特征吸收，带有苯环的芳香族化合物，主要吸收波长为 250~260nm；带有共轭双键的化合物，主要吸收波长为 21~230nm。一般原油的两个主要吸收波长为 225nm 及 254nm。石油产品中，如燃料油、润滑油等的吸收峰与原油相近。因此，波长的选择应视实际情况而定，原油和重质油可选 254nm，而轻质油及炼油厂的油品可选 225nm。

标准油采用受污染地点水样中的石油醚萃取物。如有困难可采用 15 号机油、20 号重柴油或环保部门批准的标准油。

水样加入 1~5 倍含油量的苯酚，对测定结果无干扰，动、植物性油脂的干扰作用比红外线法小。用塑料桶采集或保存水样，会引起测定结果偏低。

（二）实验仪器

（1）分光光度计（具 215~256nm 波长），10mm 石英比色皿。

（2）分液漏斗（1000mL）。

（3）容量瓶（50mL、100mL）。

（4）G_3 型 25mL 玻璃砂芯漏斗。

（三）实验试剂

（1）标准油：用经脱芳烃并重蒸馏过的 30~60℃石油醚，从待测水样中萃取油品，经无水硫酸钠脱水后过滤。将滤液置于 65℃±5℃水浴上蒸出石油醚，然后置于 65℃±5℃恒温箱内赶尽残留的石油醚，即得标准油品。

（2）标准油贮备溶液：准确称取标准油品 0.100g 溶于石油醚中，移入 100mL 容量瓶内，稀释至标线，贮于冰箱中。此溶液每毫升含 1.00mg 油。

（3）标准油使用溶液：临用前把上述标准油贮备液用石油醚稀释 10 倍，此液每毫升含 0.10mg 油。

（4）无水硫酸钠：在 300℃下烘 1h，冷却后装瓶备用。

（5）石油醚（60~90℃馏分）。脱芳烃石油醚：将 60~100 目粗孔微球硅胶和 70~120 目中性层析氧化铝（在 150~160℃活化 4h），在未完全冷却前装入内径 25mm（其他规格也可）、高 750mm 的玻璃柱中。下层硅胶高 600mm，上面覆盖 50mm 厚的氧化铝，将 60~90℃石油醚通过此柱以脱除芳烃。收集石油醚于细口瓶中，以水为参比，在 225nm 处测定处理过的石油醚，其透光率不应小于 80%。

（6）（1+1）硫酸。

（7）氯化钠。

(四) 实验步骤

(1) 向 7 个 50mL 容量瓶中，分别加入 0.00mL、2.00mL、4.00mL、8.00mL、12.00mL、20.00mL、25.00mL 标准油使用溶液，用石油醚（60~90℃）稀释至标线。在选定波长处，用 10mm 石英比色皿，以石油醚为参比测定吸光度，经空白校正后，绘制标准曲线。

(2) 将已测量体积的水样，仔细移入 1000mL 分液漏斗中，加入（1+1）硫酸 5mL 酸化（若采样时已酸化，则不需加酸）。加入氯化钠，其量约为水量的 2%（质量/体积分数）。用 20mL 石油醚（60~90℃馏分）清洗采样瓶后，移入分液漏斗中。充分振摇 3min，静置使之分层，将水层移入采样瓶内。

(3) 将石油醚萃取液通过内铺约 5mm 厚度无水硫酸钠层的砂芯漏斗，滤入 50mL 容量瓶内。

(4) 将水层移回分液漏斗内，用 20mL 石油醚重复萃取一次，同上操作。然后用 10mL 石油醚洗涤漏斗，其洗涤液均收集于同一容量瓶内，并用石油醚稀释至标线。

(5) 在选定的波长处，用 10mm 石英比色皿，以石油醚为参比，测量其吸光度。

(6) 取水样相同体积的纯水，与水样同样操作，进行空白实验，测量吸光度。

(7) 由水样测得的吸光度，减去空白实验的吸光度后，从标准曲线上查出相应的油含量。

(五) 结果计算

油含量按下式计算：

$$\text{油含量(mg/L)} = \frac{m \times 1000}{V}$$

式中 m——从标准曲线中查出相应的油量，mg；

V——水样体积，mL。

(六) 注意事项

(1) 不同油品的特征吸收峰不同，如难以确定测定的波长时，可向 50mL 容量瓶中移入标准油使用溶液 20~25mL，用石油醚稀释至标线，在波长为 215~300nm 间，用 10mm 石英比色皿测得吸收光谱图（以吸光度为纵坐标、波长为横坐标的吸光度曲线)，得到最大吸收峰的位置。一般在220~225nm。

(2) 使用的器皿应避免有机物污染。

(3) 水样及空白测定所使用的石油醚应为同一批号，否则会由于空白值不同而产生误差。

(4) 如石油醚纯度较低，或缺乏脱芳烃条件，亦可采用已烷作萃取剂。把已烷进行重蒸馏后使用，或用水洗涤3次，以除去水溶性杂质。以水作参比，于波长225nm处测定，其透光率应大于80%方可使用。

四、思考题

(1) 紫外分光光度法测定废水中油的原理是什么?

(2) 紫外分光光度法能否用于废水中植物油的测定?

实验十三　室内空气中甲醛的测定

一、实验目的和要求

（1）掌握酚试剂分光光度法测定甲醛的原理。

（2）熟悉甲醛测定的目的意义。

（3）了解本次实验的操作步骤及注意事项。

二、实验原理

空气中的甲醛与酚试剂反应生成嗪，嗪在酸性溶液中被高铁离子氧化形成蓝绿色化合物。根据颜色深浅，比色定量测定。

三、实验仪器

（1）大气采样器：流量范围 0~1L/min，流量稳定可调，具有定时装置。

（2）分光光度计：在 630nm 测定吸光度。

（3）大型气泡吸收管（10mL）。

（4）具塞比色管（10mL）。

（5）吸管若干支。

（6）空盒气压计。

四、实验试剂

本实验中所用水均为重蒸馏水或去离子交换水；所用的试剂纯度为分析纯。

（1）吸收液原液：称量 0.10g 酚试剂 [$C_6H_4SN(CH_3)C:NNH_2 \cdot HCl$，简称 MBTH]，加水溶解，倾于 100mL 具塞量筒中，加水到刻度。放冰箱中保存，可稳定 3 天。

（2）吸收液：量取吸收原液 5mL，加 95mL 水。临用前现配。

（3）硫酸铁铵溶液（1%）：称量 1.0g 硫酸铁铵 [$NH_4Fe(SO_4)_2 \cdot 12H_2O$] 用 0.1mol/L 盐酸溶解，并稀释至 100mL。

（4）碘溶液（0.1000mol/L）：称量 30g 碘化钾，溶于 25mL 水中，加入

12.7g 碘。待碘完全溶解后，用水定容至 1000mL。移入棕色瓶中，暗处贮存。

（5）氢氧化钠溶液（1mol/L）：称量 40g 氢氧化钠，溶于水中，并稀释至 1000mL。

（6）硫酸溶液（0.5mol/L）：取 28mL 浓硫酸缓慢加入水中，冷却后稀释至 1000mL。

（7）碘酸钾标准溶液（0.1000mol/L）：准确称量 3.5667g 经 105℃烘干 2h 的碘酸钾（优级纯），溶解于水，移入 1L 容量瓶中，再用水定溶至 1000mL。

（8）盐酸溶液（0.1mol/L）：量取 82mL 浓盐酸加水稀释至 1000mL。

（9）淀粉溶液（1%）：将 1g 可溶性淀粉，用少量水调成糊状后，再加入 100mL 沸水，并煮沸 2~3min 至溶液透明。冷却后，加入 0.1g 水杨酸或 0.4g 氯化锌保存。

（10）硫代硫酸钠标准溶液：称量 25g 硫代硫酸钠（$Na_2S_2O_3 \cdot 5H_2O$），溶于 1000mL 新煮沸并已放冷的水中，此溶液浓度约为 0.1mol/L。加入 0.2g 无水碳酸钠，贮存于棕色瓶内，放置一周后，再标定其准确浓度。

硫代硫酸钠溶液的标定：精确量取 25.00mL 0.1000mol/L 碘酸钾标准溶液，于 250mL 碘量瓶中，加入 75mL 新煮沸后冷却的水，加 3g 碘化钾及 10mL 0.1mol/L 盐酸溶液，摇匀后放入暗处静置 3min。用硫代硫酸钠标准溶液滴定析出的碘，至淡黄色，加入 1mL 新配制的 1%淀粉溶液呈蓝色。再继续滴定至蓝色刚刚褪去，即为终点，记录所用硫代硫酸钠溶液体积 V(mL)，其准确浓度用下式计算：

$$硫代硫酸钠标准溶液浓度(N) = \frac{0.01 \times 25.0}{V}$$

平行滴定两次，所用硫代硫酸钠溶液相差不能超过 0.05mL，否则应重新做平行测定。

（11）甲醛标准贮备溶液：取 2.8mL 含量为 36%~38%甲醛溶液，放入 1L 容量瓶中，加水稀释至刻度。此溶液 1mL 约相当于 1mg 甲醛。其准确浓度用下述碘量法标定。

甲醛标准贮备溶液的标定：精确量取 20.00mL 待标定的甲醛标准贮备溶液，置于 250mL 碘量瓶中。加入 20.00mL、0.1000mol/L 碘溶液和 15mL 1mol/L 氢氧化钠溶液，放置 15min，加入 20mL、0.5mol/L 硫酸溶液，再放置 15min，用标定后的硫代硫酸钠标准溶液滴定，至溶液呈现淡黄色时，加入 1mL 新配制的 1%淀粉溶液，此时呈蓝色，继续滴定至蓝色刚刚褪去为止。记录所用硫代硫酸钠溶液体积 V_2(mL)。同时用水作试剂空白滴定，操作步骤完全同上，记录空白滴定所用硫代硫酸钠溶液的体积 V_1(mL)。甲醛溶液的浓度用下述公式计算：

$$\text{甲醛溶液浓度(mg/mL)} = \frac{(V_1 - V_2)N \times 15}{20.00}$$

式中　V_1——试剂空白消耗标定后的硫代硫酸钠溶液的体积，mL；

V_2——甲醛标准贮备溶液消耗标定后的硫代硫酸钠溶液的体积，mL；

N——硫代硫酸钠溶液的准确当量浓度；

15——甲醛的当量；

20.00——所取甲醛标准贮备溶液的体积，mL。

两次平行滴定，误差应小于 0.05mL，否则重新标定。

（12）甲醛标准溶液：临用时配置。将甲醛标准贮备溶液用水稀释成 1.00mL 含 10.00μg 甲醛，立即再取此溶液 10.00mL，加入 100mL 容量瓶中，加入 5.00mL 吸收原液，用水定容至 100mL，此液 1.00mL 含 1.00μg 甲醛，放置 30min 后，用于配制标准色列管。此标准溶液可稳定 24h。

五、实验步骤

（1）用一个内装 5mL 吸收液的大型气泡吸收管，以 0.5L/min 流量，采气 10L。并记录采样点的温度和大气压力。室温下样品应在 24h 内分析。

（2）采样后，将样品溶液全部转入比色管中，用少量吸收液洗吸收管，合并使总体积为 5mL，混匀。按表 2-7 配制标准管系列。

表 2-7　甲醛溶液标准管系列

管号	0	1	2	3	4	5	6	7
标准溶液/mL	0	0.10	0.20	0.40	0.60	0.80	1.00	1.50
吸收液/mL	5.0	4.9	4.8	4.6	4.4	4.2	4.0	3.5
甲醛含量/μg	0	0.1	0.2	0.4	0.6	0.8	1.0	1.5

向样品管及标准管中各加入 0.4mL 1%硫酸铁胺溶液，摇匀，放置 15min。用 1cm 比色皿，在波长 630nm 下，测定各管溶液的光密度，与标准系列比较定量。

六、结果计算

（1）将采样体积换算成标准状态下采样体积：

$$V_0 = V_t \frac{273p}{(273 + t) \times 760}$$

式中　V_t——采样体积，L；

p——采样点的大气压力，mmHg（1mmHg=133Pa）；

t——采样点的气温，℃。

（2）空气中甲醛浓度计算：

$$\text{空气中甲醛浓度}(\mathrm{mg/m^3}) = \frac{C}{V_0}$$

式中　C——相当标准系列甲醛的含量，g；

V_0——换算成标准状态下的采样体积，L。

七、注意事项

（1）进行室内空气采样应避开通风口，距墙壁距离应大于0.5m。高度为0.5~1.5m。

（2）所用玻璃器具必须用去离子水或蒸馏水清洗干净。

（3）加入试剂后，盖上橡胶塞充分摇动，使试剂混合均匀。

八、思考题

（1）室内空气中的甲醛主要来自什么地方？

（2）室内空气中甲醛的危害是什么？

实验十四　土壤样品的采集与预处理

一、实验目的和要求

土壤样品（简称土样）的采集与处理，是土壤分析工作的一个重要环节，直接关系到分析结果的正确与否。因此必须按正确的方法采集和处理土样，以便获得符合实际的分析结果。

二、实验原理

在大田中，采用蛇形取样法采集1kg有代表性的土壤样品，采用四分法分样。土样标签书写内容，样品风干处理。

三、实验仪器

实验仪器包括小土铲、布袋或塑料袋、标签等。

四、实验步骤

（一）采样路线设置

采样时应沿着一定的线路按照“随机”“等量”“多点混合”的原则进行采样。一般采用“S”形布点采样。

在地形变化小、地力较均匀、采样单元面积较小的情况下也可采用“梅花”形布点取样。要避开路边、田埂、沟边、肥堆等特殊部位。蔬菜地混合样点的样品采集要根据沟、垄面积的比例确定沟、垄采样点数量。果园采样要以树干为圆点向外延伸到树冠边缘的2/3处采集每株对角采2点。

（二）土样的采集

分析某一土壤或土层，只能抽取其中有代表性的少部分土壤，这就是土样。采样的基本要求是使土样具有代表性，即能代表所研究的土壤总体。根据不同的研究目的，可有不同的采样方法。

每个采样点的取土深度及采样量应均匀一致，土样上层与下层的比例要相同。取样器应垂直于地面且入土深度相同。用取土铲取样应先铲出一个耕层断面，再平行于断面下铲取土。所有样品都应采用不锈钢取土器采样。

1. 土壤剖面样品采集

土壤剖面样品是为研究土壤的基本理化性质和发生分类。应按土壤类型，选择有代表性的地点挖掘剖面，根据土壤发生层次由下而上地采集土样，一般在各层的典型部位采集厚约10cm的土壤，但耕作层必须全层柱状连续采样，每层采1kg；放入干净的布袋或塑料袋内，袋内外均应附有标签，标签上注明采样地点、剖面号码、土层和深度。

2. 耕作土壤混合样品采集

为了解土壤肥力情况，一般采用混合土样，即在一采样地块上多点采土，混合均匀后取出一部分，以减少土壤差异，提高土样的代表性。

(1) 采样点的选择：选择有代表性的采样点，应考虑地形基本一致，近期施肥耕作措施、植物生长表现基本相同。采样点5~20个，其分布应尽量照顾到土壤的全面情况，不可太集中，应避开路边、地角和堆积过肥料的地方。

(2) 采样方法：在确定的采样点上，先用小土铲去掉表层3mm左右的土壤，然后倾斜向下切取一片片的土壤（见图2-3）。将各采样点土样集中一起混合均匀，按需要量装入袋中带回。

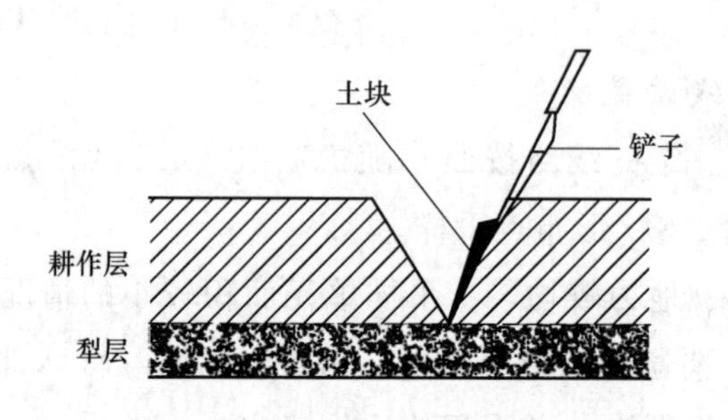

图2-3 土壤样品的采集

3. 土壤物理分析样品

测定土壤的某些物理性质。土壤容重和孔隙度等的测定，须采原状土样，对于研究土壤结构性样品，采样时须注意湿度，最好在不粘铲的情况下采取。此外，在取样过程中，须保持土块不受挤压而变形。

4. 研究土壤障碍因素的土样

为查明植株生长失常的原因，所采土壤要根据植物的生长情况确定，大面积危害者应取根际附近的土壤，多点采样混合；局部危害者，可根据植株生长情况，按好、中、差分别取样（土壤与植株同时取样），单独测定，以保持各自的典型性。

5. 采样时间

土壤某些性质可因季节不同而有所变化，因此应根据不同的目的确定适宜的采样时间。一般在秋季采样能更好地反映土壤对养分的需求程度，因而建议在定期采样时将一年一熟的农田的采样期放在前茬作物收获后和后茬作物种植前为宜，一年多熟农田放在一年作物收获后。不少情况下均以放在秋季为宜。当然，只需采一次样时，则应根据需要和目的确定采样时间。在进行大田长期定位实验的情况下，为了便于比较，每年采样时间应固定。

（三）四分法分样

一般 1kg 左右的土样即够化学物理分析之用，采集的土样如果太多，可用四分法淘汰。

1. 四分法的原理

将采集的土样弄碎，除去石砾和根、叶、虫体，并充分混匀铺成正方形，划对角线分成四份，淘汰对角两份，再把留下的两份合在一起，即平均土样，如果所得土样仍嫌太多，可再用四分法处理（见图 2-4），直到留下的土样达到所需数量（1kg），将保留的平均土样装入干净布袋或塑料袋内，并附上标签。

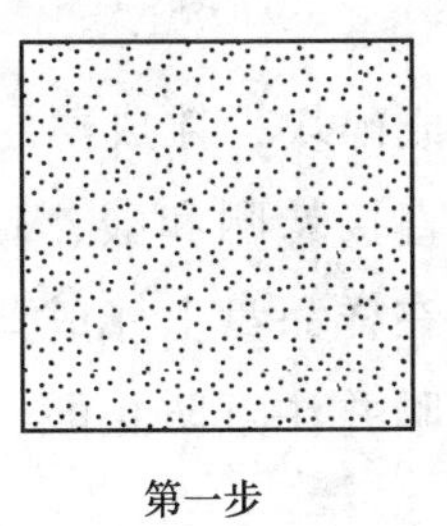
第一步

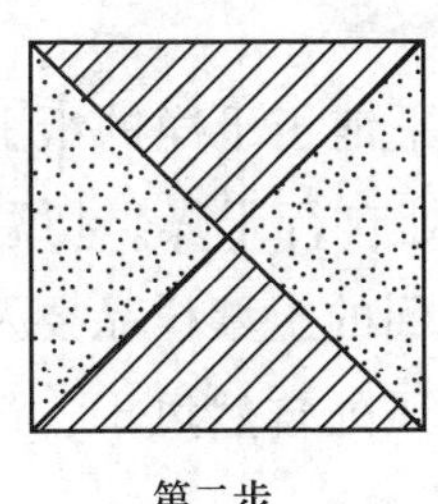
第二步

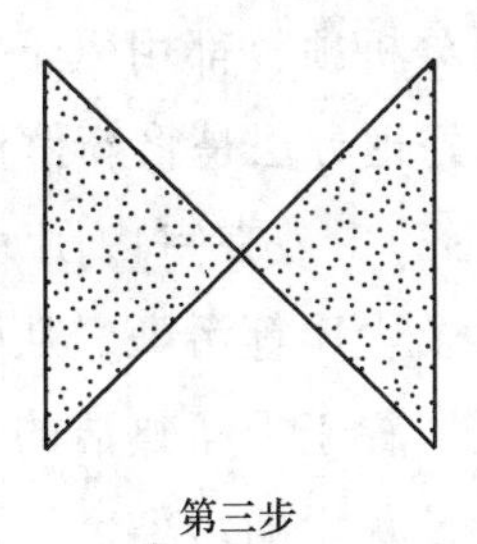
第三步

图 2-4　四分法的取样原理

到达田间以后，先要确定采样方法，如果是采集耕作层土壤，则先在样点倍位把地面的作物残茬、杂草、石块等除去。如果是新耕翻的土地，就将土壤略加踩实，以免挖坑时土块散落。用铁铲挖一个小坑，坑的一面修成垂直的切面，再用铁铲垂直向下切取一片土壤，采样深度应等于耕作层的深度，用采土刀把大片切成宽度一致的长方形土块。各个土坑中取的土样数量要基本一致，合并在一起，装入干净的布袋，携回室内。一般每个混合样品需 1kg 左右，如果样品取得过多，可用四分法将多余的土壤弃去。

2. 四分法的做法

将采集的土壤样品放在干净的塑料薄膜上弄碎，混合均匀并铺成四方形，划分对角线，分成四份，保留对角的两份，其余两份弃去，如果保留的土样数量仍很多，可再用四分法处理，直至对角的两份达到所需数量为止。将土样装入布袋或塑料袋中，用铅笔写两张标签，一张放在布袋内，将有字的一面向里叠好，字迹不得搞模糊；另一张扎在布袋外面。标签上应该填写样品编号、采样地点、土壤名称、采样深度、采样日期、采样人等。

3. 注意事项

在撒播作物田里挖坑时，应选择作物长势较均匀的地方作为采样点；在中耕作物田里挖坑时，应在株间和行间的几种不同部位进行；在作物生长期间如不允许挖坑损害多量植株时，则改用土钻（或取土器）取土，但要适当增加取样点数目。

应避免在田边、路边、沟边、特殊的地形部位以及堆放肥料的地方采样。当发现土壤存在差异，如有盐碱斑或作物生长不正常时，则应分别取样，以便单独进行分析和研究。

（四）风干处理

野外取回的土样，除田间水分、硝态氮、亚铁等需用新鲜土样测定外，一般分析项目都用风干土样。

处理方法是将新鲜湿土样平铺于干净的纸上，弄成碎块，摊成薄层（厚约 2cm），放在室内阴凉通风处自行干燥。切忌阳光直接暴晒和酸、碱、蒸气以及尘埃等污染。从野外采回的土壤样品要及时放在样品盘上摊成薄薄的一层，置于干净整洁的室内通风处自然风干，严禁暴晒并注意防止酸、碱等气体及灰尘的污染。

风干过程中要经常翻动土样并将大土块捏碎以加速干燥，同时剔除土壤以外的侵入体。风干后的土样按照不同的分析要求研磨过筛充分混匀后装入样品瓶中备用。瓶内外各放标签一张，写明编号、采样地点、土壤名称、采样深度、样品粒径、采样日期、采样人及制样时间、制样人等内容。

制备好的样品要妥善贮存，避免日晒、高温、潮湿和酸碱等气体的污染。

全部分析工作结束分析数据核实无误后试样一般还要保存 3 个月至 1 年

以备查询。“3414”肥效田间试验等有价值、需要长期保存的样品须保存于广口瓶中用蜡封好瓶口。

1. 一般化学分析试样

将风干后的样品平铺在制样板上用木棍或塑料棍碾压并将植物残体、石块等侵入体和新生体剔除，干净细小已断的植物须根可采用静电吸附的方法清除。压碎的土样要全部通过 2mm 孔径筛。未过筛的土粒必须重新碾压过筛直至全部样品通过 2mm 孔径筛为止。有条件时可采用土壤样品粉碎机粉碎。过 2mm 孔径筛的土样可供 pH 值、盐分、交换性能及有效养分项目的测定。将通过 2mm 孔径筛的土样用四分法取出一部分继续碾磨使之全部通过 0. 25mm 孔径筛，供有机质、全氮、碳酸钙等项目的测定。

2. 微量元素分析试样

用于微量元素分析的土样其处理方法与一般化学分析样品基本相同，但在采样、风干、研磨、过筛、运输、贮存等诸环节还要特别注意不要接触金属器具以防污染。如采样、制样使用木、竹或塑料工具过筛使用尼龙网筛等。通过 2mm 孔径尼龙筛的样品可用于测定土壤有效态微量元素。

3. 颗粒分析试样

将风干土样反复碾碎使之全部通过 2mm 孔径，筛留在筛上的碎石称量后保存，同时将过筛的土壤称量以计算石砾质量分数。然后将土样混匀后盛于广口瓶内用于颗粒分析及其他物理性质测定。若在土壤中有铁锰结核、石灰结核、铁子或半风化体不能用木棍碾碎，应细心拣出称量保存。

五、思考题

(1) 简述土壤农化样品的采样布点方法。

(2) 简述土壤分样方法及四分法分样方法。

(3) 简述土壤样品风干要求。

实验十五 土壤有机质含量测定

一、实验目的和要求

土壤有机质既是植物矿质营养和有机营养的源泉，又是土壤中异养微生物的能量来源物质，同时也是形成土壤结构的重要条件。它直接影响着土壤的保肥性、保墒性、缓冲性、耕性、通气状况和土壤温度等，所以土壤有机质含量是土壤肥力高低的重要指标之一。

二、实验原理

在强酸溶液中，土壤与过量的重铬酸钾共同加热，氧化土壤中的有机质，以邻啡罗啉为指示剂，用标准硫酸亚铁滴定剩余的重铬酸钾，根据重铬酸钾的消耗量计算有机碳含量，进而计算土壤有机质含量。

$$2Cr_2O_7^{2-} + 16H^+ + 3C \longrightarrow 4Cr^{3+} + 3CO_2\uparrow + 8H_2O$$

$$Cr_2O_7^{2-} + 6Fe^{2+} + 14H^+ \longrightarrow 2Cr^{3+} + 6Fe^{3+} + 7H_2O$$

三、实验仪器

分析天平、硬质试管（18mm×180mm）、试管夹、300℃温度计、烧杯（1000mL）、可调电炉、三角瓶（250mL）、酸式滴定管（50mL）、洗瓶、滴定管、移液管、注射器。

四、实验试剂

（1）重铬酸钾标准溶液$\left[c(\frac{1}{6}K_2Cr_2O_7) = 0.8000mol/L\right]$：39.2245g 重铬酸钾（$K_2Cr_2O_7$，分析纯）加 400mL 水，加热溶解，冷却后用水定容至 1L。

（2）硫酸亚铁溶液［$c(FeSO_4) = 0.2mol/L$］：56.0g 硫酸亚铁（$FeSO_4 \cdot 7H_2O$，化学纯）溶于水，加 15mL H_2SO_4，用水定容至 1L。

（3）邻啡罗啉指示剂：1.485g 邻啡罗啉（$C_{12}H_8N_2 \cdot H_2O$）及 0.695g 硫酸亚铁（$FeSO_4 \cdot 7H_2O$）溶于 100mL 水中，贮于棕色瓶中。

（4）硫酸（H_2SO_4，$\rho=1.84g/cm^3$，化学纯）。

（5）植物油或浓磷酸。

五、实验步骤

准确称取 0.25mm 风干土样 0.1~0.5g（精确到 0.0001g），放入清洁干燥的硬质试管中，准确加入 0.8000mol/L $K_2Cr_2O_7$ 标准溶液 5mL，再用注射器注入 5mL 浓硫酸，摇匀，将清洁干燥小漏斗置于试管上端以冷凝水蒸气。预先将油浴锅温度升到 185~190℃，将试管放在浴锅中加热，温度应控制在 170~180℃，从试管溶液沸腾时计算时间，加热 5min，取出试管，擦净外壁，冷却，将试管内容物洗入 250mL 三角瓶中，使瓶内总体积在 60~80mL 之间，然后加入邻啡罗啉指示剂 3~5 滴，用 0.2mol/L $FeSO_4$ 溶液滴定，溶液由黄色经过绿色突变到棕红色即为终点。另外，同时做两个空白实验，取其平均值。

六、结果计算

$$\text{有机质含量(g/kg)} = \frac{\frac{0.8000 \times 5}{V_0} \times (V_0 - V) \times 0.003 \times 1.724 \times 1.1}{m} \times 1000$$

式中　V——滴定土样用去硫酸亚铁溶液体积，mL；

V_0——滴定空白实验用去硫酸亚铁溶液体积，mL；

0.003——每摩尔$\frac{1}{4}$C 的质量；

1.724——由土壤有机碳换算成有机质的系数（按土壤有机质平均含碳量 58%计）；

1.1——校正系数；

1000——换算成千分数；

m——风干土样质量，g。

七、注意事项

（1）此法必须根据有机质含量多少来决定称样质量，若有机质含量小于 2%，则称 0.5g 以上；2%~4%的，称 0.2~0.5g；4%~7%的，称 0.1~0.2g；7%~15%的，称 0.1~0.05g；含量为 15%时，此法不适用，宜改用干烧法。

（2）消煮好的溶液颜色，应是黄色或黄中稍带绿色；若以绿色为主，则说明重铬酸钾的量不够，称样过多。

（3）此法测有机质是用氧化剂氧化有机质中的碳素，以有机碳占有机质的58%推算有机质含量，故乘以1.724。此法测得的有机碳只为实际量的90%，故须乘以校正系数1.1。

八、思考题

（1）若滴定时，所耗 $FeSO_4$ 的量小于空白三分之一时，误差来源于哪步操作？

（2）用丘林法测有机质含量时，计算时为什么乘以1.724？

实验十六　土壤中铜的测定

一、实验目的和要求

（1）掌握原子吸收分光光度法原理及测定铜的技术。

（2）预习金属测定的有关内容及土壤质量监测有关内容。

二、实验原理

土壤样品用 HNO_3-HF-$HClO_4$ 或 HCl-HNO_3-HF-$HClO_4$ 混酸体系消化后，将消化液直接喷入空气-乙炔火焰。在火焰中形成的 Cu 基态原子蒸气对光源发射的特征电磁辐射产生吸收。测得试液吸光度扣除全程序空白吸光度，从标准曲线查得 Cu 含量，计算土壤中 Cu 含量。

该方法适用于高背景土壤（必要时应消除基体元素干扰）和受污染土壤中 Cu 的测定。方法检出限范围为 0.05~5mg/kg。

三、实验仪器

（1）原子吸收分光光度计、空气-乙炔火焰原子化器、铜空心阴极灯。

（2）仪器工作条件：测定波长 324.7nm，通带宽度 0.2nm，空气-乙炔的氧化型火焰类型为蓝色火焰。

四、实验试剂

（1）盐酸：特级纯。

（2）硝酸：特级纯。

（3）氢氟酸：优级纯。

（4）高氯酸：优级纯。

（5）铜标准贮备液（1000mg/L）。

（6）铜标准使用液。吸取 5.0mL 铜标准贮备液于 100mL 容量瓶中，用水稀至标线，摇匀备用，即得每毫升含 50μg 铜的标准使用液。

（7）HNO_3 溶液（5%）。

（8）HNO_3 溶液（0.2%）。

（9）采集土壤样品，并干燥，磨细过 80 目，备用。

五、实验步骤

（一）土样试液的制备

称取 0.500g 土样于 25mL 聚四氟乙烯坩埚中，用少许水润湿，加入 10mL HCl，在电热板上加热（<450℃）消解 2h，然后加入 15mL HNO_3，继续加热至溶解物剩余约 5mL 时，再加入 5mL HF 并加热分解除去硅化合物，最后加入 5mL $HClO_4$ 加热至消解物呈淡黄色时，打开盖，蒸至近干。取下冷却，加入 1mL、5%HNO_3 微热溶解残渣，移入 50mL 容量瓶中，定容。同时进行全程序试剂空白实验。

（二）标准曲线的绘制

吸取相应体积的铜标准使用液，分别于 6 个 50mL 容量瓶中，用 0.2% HNO_3 溶液定容、摇匀。分别测其吸光度，绘制标准曲线。铜标准溶液用量及标准系列铜含量见表 2-8。

表 2-8　铜标准溶液用量

序号	1	2	3	4	5	6
铜标准溶液用量/mL	0	1	2	3	4	5
标准系列铜含量/$mg \cdot mL^{-1}$	0	1	2	3	4	5

（三）样品测定

1. 标准曲线法

按绘制标准曲线条件测定试样溶液的吸光度，扣除全程序空白吸光度，从标准曲线上查得铜含量。

$$铜含量(mg/kg) = \frac{m}{W}$$

式中　m——从标准曲线上查得的铜含量，μg；

W——称量土样干质量，g。

2. 标准加入法

取试样溶液 5.0mL 分别于 4 个 10mL 容量瓶中，依次分别加入铜标准使用液（50.0μg/mL）0.00mL、0.50mL、1.00mL、1.50mL，用 0.2% HNO_3 溶液

定容，设试样溶液镉浓度为 c_x，加标后试样浓度分别为 c_x+0、c_x+c_s、c_x+2c_s、c_x+3c_s，测得之吸光度分别为 A_x、A_1、A_2、A_3。

绘制 A-c 图（图略），由图可知，所得曲线不通过原点，其截距所反映的吸光度正是试液中待测铜离子浓度的响应。外延曲线与横坐标相交，原点与交点的距离，即待测铜离子的浓度。

结果计算方法同上。

六、注意事项

（1）土样消化过程中，最后去除 $HClO_4$ 时必须防止将溶液蒸干涸，不慎蒸干时 Fe、Al 盐可能形成难溶的氧化物而包藏镉，使结果偏低。注意无水 $HClO_4$ 会爆炸！

（2）高氯酸的纯度对空白值的影响很大，直接关系到测定结果的准确度，因此必须注意全过程空白值的扣除，并尽量减少加入量以降低空白值。

七、思考题

（1）土壤中重金属铜常常以什么形态存在，通过什么途径对人体造成危害？

（2）简述标准加入法的原理。

实验十七　环境噪声监测

一、实验目的和要求

（1）掌握声级计的使用方法和环境噪声的监测技术。

（2）预习理论教材《环境监测》第七章噪声监测的有关内容。

二、实验原理

声音是大气压上的压强波动，这个压强波动的大小简称为声压，以 p 表示，其单位是 Pa（帕）。从刚刚可以听到的声音到人们不堪忍受的声音，声压相差数百万倍。显然用声压表达各种不同大小的声音实属不太方便，同时考虑了人耳对声音强弱反应的对数特性，用对数方法将声压分为百十个等级，称为声压级。

声压级的定义是：声压与参考声压之比的常用对数乘以 20，单位是 dB（分贝）。其表达式为：

$$L_p = 20 \times \lg(p/p_0)$$

式中　L_p——声压级，dB；

p——声压，Pa；

p_0——基准声压，等于 2×10^{-5}Pa，它是对 1000Hz 声音人耳刚刚可以听到的声压。

值得注意的是两个声压级或多个声压级相加不是 dB 的简单算术相加，是按照对数的运算规律相加。

声压级只反映声音强度对人耳响度感觉的影响，而不能反映声音频率对响度感觉的影响。利用具有一个频率计权网络的声学测量仪器，对声音进行声压级测量，所得到的读数称为计权声压级，简称声级，单位为 dB。

声学测量仪器中，模拟人耳的响度感觉特性，一般设置 A、B 和 C 三种计权网络。声压级经 A 计权网络后就得到 A 声级，用 L_A 表示，其单位计作 dB(A)。经大量实验证明，用 A 声级来评价噪声对语言的干扰，在人们的吵闹程度以及听力损伤等方面都有很好的相关性。另外，A 声级测量简单、快速，还可以与其他评价方法进行换算，所以是使用最广泛的评价尺度之一。

实际测量中，除被测声源产生噪声外，还有其他噪声存在，这种噪声叫作背景噪声。背景噪声会影响到测量的准确性，需要对结果进行修正。粗略的修正方法是：先不开启被测声源测量背景噪声，然后再开启声源测量，若两者之差为 3dB，应在测量值中减去 3dB，才是被测声源的声压级；若两者之差为 4~5dB，则减去数应为 2dB；若两者之差为 6~9dB，则减去数应为 1dB；当两者之差大于 10dB 时，背景噪声可以忽略。但如果两者之差小于 3dB，那么最好是采取措施降低背景噪声后再测量，否则测量结果无效。

三、实验仪器

实验仪器为声级计。

四、测量条件

（1）天气条件要求在无雨无雪的时间，声级计应保持传声器膜片清洁，风力在三级以上必须加风罩（以避免风噪声干扰），五级以上大风应停止测量。

（2）使用仪器为普通声级计，事先仔细阅读使用说明书。

（3）手持仪器测量，传声器要求距离地面 1.2m。

五、实验步骤

（1）将学校（或某一地区）划分为 25m×25m 的网格，测量点选在每个网格的中心，若中心点的位置不宜测量，可移到旁边能够测量的位置。

（2）每组三人配置一台声级计，顺序到各网点测量，时间从 8：00~17：00，每一网格至少测量 4 次，时间间隔尽可能相同。

（3）读数方式用慢挡，每隔 5s 读一个瞬时 A 声级，连续读取 200 个数据。读数同时要判断和记录附近主要噪声来源（如交通噪声、施工噪声、工厂或车间噪声、锅炉噪声等）和天气条件。

六、数据处理

环境噪声是随时间而起伏的无规律噪声，因此测量结果一般用统计值或等效声级来表示，本实验用等效声级表示。

将各网点每一次的测量数据（200 个）顺序排列找出 L_{10}、L_{50}、L_{90}，求出等效声级 L_{eq}，再将该网点一整天的各次 L_{eq} 值求出算术平均值，作为该网点的环境噪声评价量。

以5dB为一等级，用不同颜色或阴影线绘制学校（或某一地区）噪声污染图。噪声污染图基本标识见表2-9。

表2-9 噪声污染图基本标识

噪声带	颜色	阴影线
35dB以下	浅绿色	小点，低密度
36~40dB	绿色	中点，中密度
41~45dB	深绿色	大点，高密度
46~50dB	黄色	垂直线，低密度
51~55dB	褐色	垂直线，中密度
56~60dB	橙色	垂直线，高密度
61~65dB	朱红色	交叉线，低密度
66~70dB	洋红色	交叉线，中密度
71~75dB	紫红色	交叉线，高密度
76~80dB	蓝色	宽条垂直线
81~85dB	深蓝色	全黑

七、注意事项

（1）声级计的品种很多，事先仔细阅读使用说明书。

（2）目前大多数声级计具有数据自动整理功能，作为练习希望能记录数据后，进行手工计算。

八、思考题

（1）测定前为何需要对声级计进行校正，怎么校正？

（2）测定校园噪声，选用何种声级计？

实验十八　种子发芽毒性实验

一、实验目的和要求

(1) 要求掌握和了解以小麦为代表，用发芽势和发芽率进行毒性实验的具体方法以及毒物对小麦发芽势和发芽率的影响。

(2) 通过小麦种子发芽毒性实验，监测评价污染物的毒性。

二、实验原理

种子在适宜的条件下（水分、温度和氧气），吸水膨胀萌发，发生一系列的生理、生化反应，在各种酶的催化作用下，污染物抑制了一些酶的活性，从而使种子萌发受到影响，破坏了发芽过程。

三、实验仪器

仪器：培养皿、移液管、滤纸、镊子、吸耳球、尺子等。

四、实验试剂

材料：选择发育正常、无毒、无蛀、完整而没有任何损坏的小麦种子。

药品：硫酸铜。

五、实验步骤

(1) 玻璃仪器用洗液或洗衣粉刷洗干净，除去表面污物，然后用自来水冲洗干净，以消除洗涤剂带来的干扰，晾干备用，在皿底侧面贴上标签，注明浓度及重复序号。

(2) 试液：以硫酸铜为例，配成三种不同浓度（Ⅰ、Ⅱ、Ⅲ）溶液。每组同学任选两种污染物试液进行试验，以蒸馏水为对照组。

(3) 发芽床的准备：在培养皿内放入等径滤纸两张做发芽床。发芽床的湿润程度对发芽有着很大影响，水分过多妨碍空气进入种子，水分不足会使发芽床变干，这两种情况都会影响发芽过程，使实验结果不准确。发芽床上加入10mL试液，加入时避免滤纸下面产生气泡。然后用镊子将种子腹沟朝下，整齐地排列在发芽床上，粒与粒之间的距离要均匀，避免相互接触，以防发霉种子感染健康种子。盖上培养皿盖。置于20~25℃温箱中培养。发芽期间需每天观察发芽情况及发芽床湿润情况，水分不够就要补充。

（4）发芽势与发芽率的期限：不同植物材料发芽势与发芽率的期限有所不同，通常每日观察，分两期进行，第一期内发芽种子数的百分比为种子的发芽势，第二期内发芽种子数的百分比为发芽率。

小麦种子的发芽势期限为3天，发芽率期限为7天，因此在实验的第3天和第7天进行观察、计数。

（5）种子发芽后应具备的特征：小麦等禾谷类作物，在正常发育的幼根中，其主根长度不短于种子长度，幼芽长度不短于种子长度的二分之一者，为具有发芽能力的种子，以此标准进行观察、计数。

（6）发芽势与发芽率的计算：分别于第3天和第7天记载小麦种子发芽情况，将不正常的和感染霉菌的种子要及时除去。

$$发芽势(\%) = \frac{规定天数内已发芽的种子粒数}{供作发芽的种子总粒数} \times 100$$

$$发芽率(\%) = \frac{全部发芽的种子粒数}{供作发芽的种子总粒数} \times 100$$

六、思考题

（1）根据发芽势和发芽率评价污染物对小麦种子发芽的影响。

（2）影响小麦发芽的主要因素是什么？

第三章　环境监测综合型和设计型实训

实验十九　校园空气质量监测与评价

基于我国空气污染现状，监测校园环境空气中的 SO_2、NO_x 和 PM2.5 三项污染物含量，并利用测得的 SO_2、NO_x 和 PM2.5 指标结果计算空气污染指数（AQI），表征空气质量状况。

本实验为综合性实验，其内容包括：在欲监测环境内进行布点和采样；测定 SO_2、NO_x 和 PM2.5 日均浓度；计算空气污染指数（AQI）。

一、实验目的和要求

（1）根据布点采样原则，选择适宜方法进行布点，确定采样频率及采样时间，掌握测定空气中 SO_2、NO_x 和 PM2.5 的采样和监测方法。

（2）根据三项污染物监测结果，计算空气污染指数（AQI），描述空气质量状况。

（3）预习理论教材《环境监测》第三章中的相关内容，在预习报告中列出实验方案和操作步骤，分析影响测定准确度的因素及控制方法。

二、空气中 SO_2 的测定（甲醛吸收-副玫瑰苯胺分光光度法）

（一）实验原理

二氧化硫被甲醛缓冲溶液吸收后，生成稳定的羟甲基磺酸加成化合物，在样品溶液中加入氢氧化钠使加成化合物分解，释放出的二氧化硫与副玫瑰苯胺、甲醛作用，生成紫红色化合物，用分光光度计在波长 577nm 处测量吸光度。

（二）实验仪器

（1）多孔玻板吸收管（用于短时间采样）；多孔玻板吸收瓶（用于 24h

采样)。

（2）空气采样器：流量 0~1L/min。

（3）分光光度计。

（三）实验试剂

（1）碘酸钾（KIO_3），优级纯，经 110℃干燥 2h。

（2）氢氧化钠溶液，$c(NaOH)=1.5mol/L$：称取 6.0g NaOH，溶于 100mL 水中。

（3）环己二胺四乙酸二钠溶液，$c(CDTA\text{-}2Na)=0.05mol/L$：称取 1.82g 反式 1,2-环己二胺四乙酸，加入氢氧化钠溶液（试剂 2）6.5mL，用水稀释至 100mL。

（4）甲醛缓冲吸收贮备液：吸取 36%~38%的甲醛溶液 5.5mL，CDTA-2Na 溶液（试剂 3）20.00mL；称取 2.04g 邻苯二甲酸氢钾，溶于少量水中；将三种溶液合并，再用水稀释至 100mL，贮于冰箱可保存 1 年。

（5）甲醛缓冲吸收液：用水将甲醛缓冲吸收贮备液（试剂 4）稀释 100 倍。临用时现配。

（6）氨磺酸钠溶液，$\rho(NaH_2NSO_3)=6.0g/L$：称取 0.60g 氨磺酸［H_2NSO_3H］置于 100mL 烧杯中，加入 4.0mL 氢氧化钠（试剂 2），用水搅拌至完全溶解后稀释至 100mL，摇匀。此溶液密封可保存 10 天。

（7）碘贮备液，$c(1/2I_2)=0.10mol/L$：称取 12.7g 碘（I_2）于烧杯中，加入 40g 碘化钾和 25mL 水，搅拌至完全溶解，用水稀释至 1000mL，贮存于棕色细口瓶中。

（8）碘溶液，$c(1/2I_2)=0.010mol/L$：量取碘贮备液（试剂 7）50mL，用水稀释至 500mL，贮于棕色细口瓶中。

（9）淀粉溶液，ρ(淀粉)=5.0g/L：称取 0.5g 可溶性淀粉于 150mL 烧杯中，用少量水调成糊状，慢慢倒入 100mL 沸水，继续煮沸至溶液澄清，冷却后贮于试剂瓶中。

（10）碘酸钾基准溶液，$c(1/6\ KIO_3)=0.1000mol/L$：准确称取 3.5667g 碘酸钾（试剂 1）溶于水，移入 1000mL 容量瓶中，用水稀至标线，摇匀。

（11）盐酸溶液，$c(HCl)=1.2mol/L$：量取 100mL 浓盐酸，加到 900mL 水中。

（12）硫代硫酸钠标准贮备液，$c(Na_2S_2O_3)=0.10mol/L$：称取 25.0g 硫

代硫酸钠（$Na_2S_2O_3 \cdot 5H_2O$），溶于1000mL新煮沸但已冷却的水中，加入0.2g无水碳酸钠，贮于棕色细口瓶中，放置一周后备用。如溶液呈现浑浊，必须过滤。

标定方法：

吸取三份20.00mL碘酸钾基准溶液（试剂10）分别置于250mL碘量瓶中，加70mL新煮沸但已冷却的水，加1g碘化钾，振摇至完全溶解后，加10mL盐酸溶液（试剂11），立即盖好瓶塞，摇匀。于暗处放置5min后，用硫代硫酸钠标准溶液（试剂12）滴定溶液至浅黄色，加2mL淀粉溶液（试剂9），继续滴定至蓝色刚好褪去为终点。硫代硫酸钠标准溶液的浓度按下式计算：

$$c_1 = \frac{0.1000 \times 20.00}{V}$$

式中　c_1——硫代硫酸钠标准溶液的浓度，mol/L；

V——滴定所耗硫代硫酸钠标准溶液的体积，mL。

（13）硫代硫酸钠标准溶液，$c(Na_2S_2O_3) \approx 0.01000$mol/L：取50.0mL硫代硫酸钠贮备液（试剂12）置于500mL容量瓶中，用新煮沸但已冷却的水稀释至标线，摇匀。

（14）乙二胺四乙酸二钠盐（EDTA-2Na）溶液，ρ(EDTA-2Na) = 0.50g/L：称取0.25g乙二胺四乙酸二钠盐［$C_{10}H_{14}N_2O_8Na_2 \cdot 2H_2O$］溶于500mL新煮沸但已冷却的水中。临用时现配。

（15）亚硫酸钠溶液，$\rho(Na_2SO_3)$ = 1g/L：称取0.2g亚硫酸钠，溶于200mL EDTA-2Na（试剂14）溶液中，缓缓摇匀以防充氧，使其溶解。放置2～3h后标定。此溶液每毫升相当于320～400μg二氧化硫。

标定方法：

1）取6个250mL碘量瓶（A_1、A_2、A_3、B_1、B_2、B_3），在A_1、A_2、A_3内各加入25mL乙二胺四乙酸二钠盐溶液（试剂14），在B_1、B_2、B_3内加入25.00mL亚硫酸钠溶液（试剂15），分别加入50.0mL碘溶液（试剂8）和1.00mL冰乙酸，盖好瓶盖，摇匀。

2）立即吸取2.00mL亚硫酸钠溶液（试剂15）加到一个已装有40～50mL甲醛吸收液（试剂4）的100mL容量瓶中，并用甲醛吸收液（试剂4）稀释至标线、摇匀。此溶液即为二氧化硫标准贮备溶液（试剂156），在4～5℃下冷藏，可稳定6个月。

3）A_1、A_2、A_3、B_1、B_2、B_3 六个瓶子于暗处放置5min后，用硫代硫酸钠溶液（试剂13）滴定至浅黄色，加5mL淀粉指示剂（试剂9），继续滴定至蓝色刚刚消失。平行滴定所用硫代硫酸钠溶液的体积之差应不大于0.05mL。

二氧化硫标准贮备溶液（试剂15b）的质量浓度由下式计算：

$$p(SO_2) = \frac{(V_0 - V)c_2 \times 32.02 \times 10^3}{25.00} \times \frac{2.00}{100}$$

式中　$\rho(SO_2)$ ——二氧化硫标准贮备溶液的质量浓度，μg/mL；

V_0——空白滴定所用硫代硫酸钠溶液（试剂13）的体积，mL；

V——样品滴定所用硫代硫酸钠溶液（试剂13）的体积，mL；

c_2——硫代硫酸钠溶液（试剂13）的浓度，mol/L；

32.02——二氧化硫（1/2 SO_2）的摩尔质量，g/mol。

（16）二氧化硫标准溶液，$\rho(SO_2)$ = 1.00μg/mL：用甲醛吸收液（试剂5）将二氧化硫标准贮备溶液（试剂15b）。稀释成每毫升含1.0μg二氧化硫的标准溶液。此溶液用于绘制标准曲线，在4~5℃下冷藏，可稳定1个月。

（17）盐酸副玫瑰苯胺（简称PRA，即副品红或对品红）贮备液：ρ(PRA)= 2.0g/L。

（18）盐酸副玫瑰苯胺溶液，ρ(PRA) = 0.50g/L：吸取25.00mL副玫瑰苯胺贮备液（试剂17）于100mL容量瓶中，加30mL 85%的浓磷酸，12mL浓盐酸，用水稀释至标线，摇匀，放置过夜后使用。避光密封保存。

（19）盐酸-乙醇清洗液：由三份（1+4）盐酸和一份95%乙醇混合配制而成，用于清洗比色管和比色皿。

（四）实验步骤

1. 采样

（1）短时间采样：采用内装10mL吸收液的多孔玻板吸收管，以0.5L/min的流量采气45~60min。吸收液温度保持在23~29℃的范围。

（2）连续采样：用内装50mL吸收液的多孔玻板吸收瓶，以0.2L/min的流量连续采样24h。吸收液温度保持在23~29℃的范围。

（3）现场空白：将装有吸收液的采样管带到采样现场，除不采气之外，其他环境条件与样品相同。

注1：样品采集、运输和贮存过程中应避免阳光照射。

注 2：放置在室（亭）内的 24h 连续采样器，进气口应连接符合要求的空气质量集中采样管路系统，以减少二氧化硫进入吸收瓶前的损失。

2. 标准曲线的绘制

取 14 支 10mL 具塞比色管，分 A、B 两组，每组 7 支，分别对应编号。A 组按表 3-1 配制校准溶液系列。

B 组各管加入 1.00mL PRA 溶液（对品红），A 组各管分别加入 0.5mL 氨磺酸钠溶液和 0.5mL 氢氧化钠溶液，混匀。再逐管迅速将（A 组管）溶液全部倒入对应编号并盛有 PRA 溶液的 B 组管中，立即具密混匀后放入恒温水浴中显色。显色温度与室温之差应不超过 3℃，根据不同季节和环境条件按下表选择显色温度与显色时间。

参照表 3-1 选择显色条件。

表 3-1　显色温度与显色时间对应表

显色温度/℃	10	15	20	25	30
显色时间/min	40	20	15	10	5
稳定时间/min	50	40	30	20	10
试剂空白吸光度 A_0	0.03	0.035	0.04	0.05	0.06

根据实验室室温条件，选择相应的显色条件进行操作。

依据显色条件，用 10mm 比色皿，以吸收液作参比，在波长 577nm 处，测定各管吸光度。以 SO_2 含量（μg）为横坐标，吸光度为纵坐标，绘制标准曲线。

3. 样品测定

（1）样品溶液中如有混浊物，则应离心分离除去。

（2）样品放置 20min，以使臭氧分解。

（3）短时间采集的样品：将吸收管中的样品溶液移入 10mL 比色管中，用少量甲醛吸收液（试剂 5）洗涤吸收管，洗液并入比色管中并稀释至标线。加入 0.5mL 氨磺酸钠溶液（试剂 6），混匀，放置 10min 以除去氮氧化物的干扰。以下步骤同校准曲线的绘制。

（4）连续 24h 采集的样品：将吸收瓶中样品移入 50mL 容量瓶（或比色管）中，用少量甲醛吸收液（试剂 5）洗涤吸收瓶后再倒入容量瓶（或比色管）中，并用吸收液（试剂 5）稀释至标线。吸取适当体积的试样（视浓度高低而决定取 2~10mL）于 10mL 比色管中，再用吸收液（试剂 5）稀释至标线，加入 0.5mL 氨磺酸钠溶液（试剂 6），混匀，放置 10min 以除去氮氧化物的干扰，以下步骤同校准曲线的绘制空气中二氧化硫的质量浓度，按下式计算：

$$\rho(SO_2) = \frac{A - A_0 - a}{bV_s} \times \frac{V_t}{V_a}$$

式中　$\rho(SO_2)$——空气中二氧化硫的质量浓度，mg/m^3；

A——样品溶液的吸光度；

A_0——试剂空白溶液的吸光度；

b——校准曲线的斜率，吸光度·(mL/μg)；

a——校准曲线的截距（一般要求小于 0.005）；

V_t——样品溶液的总体积，mL；

V_a——测定时所取试样的体积，mL；

V_s——换算成标准状态下（101.325kPa，273K）的采样体积，L。

（五）注意事项

（1）加入氨磺酸钠溶液可消除氮氧化物的干扰，采样后放置一段时间可使臭氧自行分解，加入磷酸和乙二胺四乙酸二钠盐，可以消除或减小某些重金属的干扰。

（2）空气中一般浓度水平的某些重金属和臭氧、氮氧化物不干扰本法测定。当 10mL 样品溶液中含有 1μg Mn^{2+} 或 0.3μg 以上 Cr^{6+} 时，对本方法测定有负干扰。加入环己乙二胺四乙酸二钠（简称 CDTA）可消除 0.2mg/L 浓度的 Mn^{2+} 的干扰；增大本方法中的加碱量（如加 2.0mol/L 的氢氧化钠溶液 1.5mL）可消除 0.1mg/L 浓度的 Cr^{6+} 的干扰。

（3）二氧化硫在吸收液中的稳定性：本法所用吸收液在 40℃ 气温下，放置 3 天，损失率为 1%，37℃ 下 3 天损失率为 0.5%。

（4）本方法克服了四氯汞盐吸收-盐酸副玫瑰苯胺分光光度法对显色温度的严格要求，适宜的显色温度范围较宽（15~25℃），可根据室温加以选择。但样品应与标准曲线在同一温度、时间条件下显色测定。

（5）样品采集、运输和保存应注意避光。

（6）显色温度、显色时间的选择及操作时间的掌握是实验成败的关键。

（7）显色反应在碱性溶液中进行，故加入 PRA。

（8）加入氨基磺酸钠可消除氮氧化物干扰。

(9) PRA 的浓度对显色有影响，一般控制空白管吸光度值在 0.170 以下。

(10) PRA 中盐酸用量对显色也有影响，盐酸溶液浓度 1mol/L 较为合适。

(11) 甲醛浓度对显色有影响，浓度过高则空白值增加，浓度过低则显色时间延长，0.2%甲醛溶液较为合适。

(12) 用过的比色皿及比色管应及时清洗，否则红色很难洗净。

三、空气中 NO_x 的测定（分光光度法）

（一）实验原理

空气中的二氧化氮被串联的第一支吸收瓶中的吸收液吸收，并反应生成粉红色偶氮染料。空气中的一氧化氮不与吸收液反应，通过氧化管时被酸性高锰酸钾溶液氧化为二氧化氮，被串联的第二支吸收瓶中的吸收液吸收并反应生成粉红色偶氮染料。生成的偶氮染料，在波长 540nm 处的吸光度与二氧化氮的含量成正比。分别测定第一支和第二支吸收瓶中样品的吸光度，计算两支吸收瓶内二氧化氮和一氧化氮的质量浓度，二者之和即氮氧化物的质量浓度（以 NO_2 计）。

（二）实验仪器

(1) 分光光度计。

(2) 空气采样器：流量范围 0.1~1.0L/min。采样流量为 0.4L/min 时，相对误差小于±5%。

(3) 空气采样器：采样流量为 0.2L/min 时，相对误差小于±5%，能将吸收液温度保持在 20℃±4℃。采样连接管线为硼硅玻璃管、聚四氟乙烯管或硅胶管，内径约为 6mm，尽可能短些，任何情况下不得超过 2m，配有朝下的空气入口。

(4) 吸收瓶：可装 10mL、25mL 或 50mL 吸收液的多孔玻板吸收瓶，液柱高度不低于 80mm。使用棕色吸收瓶或采样过程中吸收瓶外罩黑色避光罩。新的多孔玻板吸收瓶或使用后的多孔玻板吸收瓶，应用（1+1）HCl 浸泡 24h 以上，用清水洗净。

(5) 氧化瓶：可装 5mL、10mL 或 50mL 酸性高锰酸钾溶液的洗气瓶，液柱高度不能低于 80mm。使用后，用盐酸羟胺溶液（试剂 2）浸泡洗涤。

（三）实验试剂

所有试剂均用不含硝酸盐的重蒸馏水配制。检验方法是要求用该蒸馏水配制的吸收液的吸光度不超过 0.005（540nm，10mm 比色皿，水为参比）。

（1）冰乙酸。

（2）盐酸羟胺溶液，ρ=0.2~0.5g/L。

（3）硫酸溶液，$c(1/2H_2SO_4)$ = 1mol/L：取 15mL 浓硫酸［$\rho(H_2SO_4)$ = 1.84g/mL］，徐徐加到 500mL 水中，搅拌均匀，冷却备用。

（4）酸性高锰酸钾溶液，$\rho(KMnO_4)$ = 25g/L：称取 25g 高锰酸钾于 1000mL 烧杯中，加入 500mL 水，稍微加热使其全部溶解，然后加入 1mol/L 硫酸溶液（试剂 3）500mL，搅拌均匀，贮于棕色试剂瓶中。

（5）N-(1-萘基)乙二胺盐酸盐贮备液，$\rho(C_{10}H_7NH(CH_2)2NH_2 \cdot 2HCl)$ = 1.00g/L：称取 0.50g 乙二胺盐酸盐于 500mL 容量瓶中，用水溶解稀释至刻度。此溶液贮于密闭的棕色瓶中，在冰箱中冷藏，可稳定保存 3 个月。

（6）显色液：称取 5.0g 对氨基苯磺酸［$NH_2C_6H_4SO_3H$］溶解于 200mL、40~50℃热水中，将溶液冷却至室温，全部移入 1000mL 容量瓶中，加入 50mL N-(1-萘基)乙二胺盐酸盐贮备溶液（试剂 5）和 50mL 冰乙酸，用水稀释至刻度。此溶液贮于密闭的棕色瓶中，在 25℃以下暗处存放可稳定 3 个月。若溶液呈现淡红色，应弃之重配。

（7）吸收液：使用时将显色液（试剂 6）和水按 4∶1（体积分数）比例混合，即为吸收液。吸收液的吸光度应小于等于 0.005。

（8）亚硝酸盐标准贮备液，$\rho(NO_2^-)$ = 250μg/mL：准确称取 0.3750g 亚硝酸钠（$NaNO_2$，优级纯，使用前在 105℃±5℃干燥恒重）溶于水，移入 1000mL 容量瓶中，用水稀释至标线。此溶液贮于密闭棕色瓶中于暗处存放，可稳定保存 3 个月。

（9）亚硝酸盐标准工作液，$\rho(NO_2^-)$ = 2.5μg/mL：准确吸取亚硝酸盐标准储备液（试剂 8）1.00mL 于 100mL 容量瓶中，用水稀释至标线。临用现配。

（四）实验步骤

1. 标准曲线的绘制

取 6 支 10mL 具塞比色管，按表 3-2 所列参数和方法配制 NO_2^- 标准溶液色列。

表 3-2　NO_2^- 标准溶液色列

管　　号	0	1	2	3	4	5
标准使用溶液/mL	0	0.40	0.80	1.20	1.60	2.00
水/mL	2.00	1.60	1.20	0.80	0.40	0
显色液/mL	8.00	8.00	8.00	8.00	8.00	8.00
NO_2^- 浓度/$\mu g \cdot mL^{-1}$	0	0.10	0.20	0.30	0.40	0.50

各管混匀，于暗处放置 20min（室温低于 20℃时放置 40min 以上），用 10mm 比色皿，在波长 540nm 处，以水为参比测量吸光度，扣除 0 号管的吸光度以后，对应 NO_2^- 的质量浓度（μg/mL），用最小二乘法计算标准曲线的回归方程。

标准曲线斜率控制在 0.960～0.978 吸光度·（mL/μg），截距控制在 0.000～0.005（以 5mL 体积绘制标准曲线时，标准曲线斜率控制在 0.180～0.195 吸光度·（mL/μg），截距控制在±0.003 之间）。

2. 采样

（1）短时间采样（1h 以内）取两支内装 10.0mL 吸收液的多孔玻板吸收瓶和一支内装 5～10mL 酸性高锰酸钾溶液（试剂 4）的氧化瓶（液柱高度不低于 80mm），用尽量短的硅橡胶管将氧化瓶串联在两支吸收瓶之间，以 0.4L/min 流量采气 4～24L。

（2）长时间采样（24h）取两支大型多孔玻板吸收瓶，装入 25.0mL 或 50.0mL 吸收液（试剂 7）（液柱高度不低于 80mm），标记液面位置。取一支内装 50mL 酸性高锰酸钾溶液（试剂 4）的氧化瓶，接入采样系统，将吸收液恒温在 20℃±4℃，以 0.2L/min 流量采气 288L。

注：氧化管中有明显的沉淀物析出时，应及时更换。一般情况下，内装 50mL 酸性高锰酸钾溶液的氧化瓶可使用 15～20 天（隔日采样）。采样过程注意观察吸收液颜色变化，避免因氮氧化物质量浓度过高而穿透。

（3）采样要求采样前应检查采样系统的气密性，用皂膜流量计进行流量校准。采样流量的相对误差应小于±5%。采样期间，样品运输和存放过程中应避免阳光照射。气温超过 25℃时，长时间（8h 以上）运输和存放样品应采取降温措施。采样结束时，为防止溶液倒吸，应在采样泵停止抽气的同时，闭合连接在采样系统中的止水夹或电磁阀。

（4）现场空白装有吸收液的吸收瓶带到采样现场，与样品在相同的条件下保存，运输，直至送交实验室分析，运输过程中应注意防止沾污。要求每次采样至少做两个现场空白测试。

（5）样品的保存样品采集、运输及存放过程中避光保存，样品采集后尽快分析。若不能及时测定，将样品于低温暗处存放，样品在30℃暗处存放，可稳定8h；在20℃暗处存放，可稳定24h；于0～4℃冷藏，至少可稳定3天。

3. 样品测定

（1）实验室空白试验：取实验室内未经采样的空白吸收液，用10mm比色皿，在波长540nm处，以水为参比测定吸光度。实验室空白吸光度 A_0 在显色规定条件下波动范围不超过±15%。

（2）现场空白：同“实验室空白试验”测定吸光度。将现场空白和实验室空白的测量结果相对照，若现场空白与实验室空白相差过大，查找原因，重新采样。

（3）样品测定：采样后放置20min，室温20℃以下时放置40min以上，用水将采样瓶中吸收液的体积补充至标线，混匀。用10mm比色皿，在波长540nm处，以水为参比测量吸光度，同时测定空白样品的吸光度。若样品的吸光度超过标准曲线的上限，应用实验室空白试液稀释，再测定其吸光度。但稀释倍数不得大于6。

4. 结果计算

（1）空气中二氧化氮质量浓度 $\rho(NO_2)$（mg/m^3）按下式计算：

$$\rho(NO_2) = \frac{(A_1 - A_0 - a)VD}{bfV_0}$$

（2）空气中一氧化氮质量浓度 $\rho(NO)$（mg/m^3）以二氧化氮（NO_2）计，按下式计算：

$$\rho(NO) = \frac{(A_2 - A_0 - a)VD}{bfV_0K}$$

（3）$\rho'(NO)$（mg/m^3）以一氧化氮（NO）计，按下式计算：

$$\rho'(NO) = \frac{\rho(NO) \times 30}{46}$$

（4）空气中氮氧化物的质量浓度 $\rho(NO_x)$（mg/m^3）以二氧化氮（NO_2）计，按下式计算：

$$\rho(NO_x) = \rho(NO_2) + \rho(NO)$$

式中 A_1，A_2——串联的第一支和第二支吸收瓶中样品的吸光度；

A_0——实验室空白的吸光度；

b——标准曲线的斜率，吸光度·(mL/μg)；

a——标准曲线的截距；

V——采样用吸收液体积，mL；

V_0——换算为标准状态（101.325kPa，273K）下的采样体积，L；

K——NO→NO_2 氧化系数，一般为 0.68；

D——样品的稀释倍数；

f——Saltzman 实验系数，一般为 0.88（当空气中 NO_2 质量浓度高于 0.72mg/m^3 时，f 取值 0.77）。

（五）注意事项

（1）配制吸收液时，应避免在空气中长时间暴露，以免吸收空气中的氮氧化物。光照射能使吸收液显色，因此在采样、运送及存放过程中，都应采取避光措施。

（2）采样过程中，如吸收液体积显著缩小，要用水补充到原来的体积（应预先做好标记）。

（3）氧化管应于相对湿度为 30%～70%时使用，当空气相对湿度大于 70%时，应勤换氧化管；小于 30%时，在使用前，用经过水面的潮湿空气通过氧化管，平衡 1h 后再使用。

（六）思考题

（1）简要说明小流量大气采样器的基本组成部分及其所起作用。

（2）简要说明盐酸萘乙二胺分光光度法测定大气中 NO_x 的原理和测定过程。

（3）分析影响测定准确度的因素，如何消减或杜绝在样品采集、运输和测定过程中引进的误差。

四、空气中 PM2.5 的测定

（一）实验原理

通过具有一定切割特性的采样器，以恒速抽取定量体积空气，使环境空气中 PM2.5 被截留在已知质量的滤膜上，根据采样前后滤膜的质量差和采样体积，计算出 PM2.5 浓度。

（二）实验仪器

（1）切割器：PM2.5 切割器，采样系统，切割粒径 D_{a50} =（2.5±0.2）μm。

（2）采样器孔口流量计或其他符合本标准技术指标要求的流量计。

1）大流量流量计：量程 0.8～1.4m³/min，误差≤2%；

2）中流量流量计：量程 60～125L/min，误差≤2%；

3）小流量流量计：量程小于 30L/min，误差≤2%。

（3）滤膜：根据样品采集目的可选用玻璃纤维滤膜、石英滤膜等无机滤膜或聚氯乙烯、聚丙烯、混合纤维素等有机滤膜。滤膜对 0.3μm 标准粒子的截留效率不低于 99%。空白滤膜按理论教材《环境监测》第七章分析步骤进行平衡处理至恒重，称量后，放入干燥器中备用。

（4）分析天平：感量 0.1mg 或 0.01mg。

（5）恒温恒湿箱（室）。

（6）干燥器：内盛变色硅胶。

（三）实验步骤

1. 样品采集

（1）环境空气监测中采样环境及采样频率的要求，按 HJ/T 194 的要求执行。采样时，采样器入口距地面高度不得低于 1.5m。采样不宜在风速大于 8m/s 等天气条件下进行。采样点应避开污染源及障碍物。如果测定交通枢纽处 PM2.5，采样点应布置在距人行道边缘外侧 1m 处。

（2）采用间断采样方式测定日平均浓度时，其次数不应少于 4 次，累积采样时间不应少于 18h。

（3）采样时，将已称重的滤膜用镊子放入洁净采样夹内的滤网上，滤膜毛面应朝进气方向，将滤膜牢固压紧至不漏气。如果测定任何一次浓度，每次需更换滤膜；如测日平均浓度，样品可采集在一张滤膜上。采样结束后，用镊子取出。将有尘面两次对折，放入样品盒或纸袋，并做好采样记录。

（4）采样后滤膜样品称量按理论教材《环境监测》第七章分析步骤进行。

2. 样品保存

滤膜采集后，如不能立即称重，应在 4℃条件下冷藏保存。

3. 分析步骤

将滤膜放在恒温恒湿箱（室）中平衡24h，平衡条件为：温度取15~30℃中任何一点，相对湿度控制在45%~55%范围内，记录平衡温度与湿度。在上述平衡条件下，用感量为0.1mg或0.01mg的分析天平称量滤膜，记录滤膜质量。同一滤膜在恒温恒湿箱（室）中相同条件下再平衡1h后称重。对于PM2.5颗粒物样品滤膜，两次质量之差小于0.04mg为满足恒重要求。

4. 结果计算与表示

$$PM2.5(mg/m^3) = \frac{W_1 - W_0}{V_n} \times 1000$$

式中　W_1——尘膜质量，g；

W_0——空白滤膜质量，g；

V_n——标准状态下的累积采样体积，m^3。

五、结果处理

（1）根据SO_2、NO_x和PM2.5的实测日均浓度、污染指数分级浓度限值及污染指数计算式（见理论教材《环境监测》第三章），计算三种污染物的污染分指数，确定校区空气污染指数（AQI）、首要污染物、空气质量类别及空气质量状况。

（2）分析布点、采样和污染物测定过程中可能影响监测结果代表性和准确性的因素。

实验二十　水体富营养化程度的评价

一、实验目的和要求

(1) 掌握总磷、叶绿素-a 及初级生产率的测定原理及方法。

(2) 评价水体的富营养化状况。

二、实验原理

富营养化（eutrophication）是指在人类活动的影响下，生物所需的氮、磷等营养物质大量进入湖泊、河口、海湾等缓流水体，引起藻类及其他浮游生物迅速繁殖、水体溶解氧量下降、水质恶化、鱼类及其他生物大量死亡的现象。

在自然条件下，湖泊也会从贫营养状态过渡到富营养状态，沉积物不断增多，先变为沼泽，后变为陆地。这种自然过程非常缓慢，常需几千年甚至上万年。而人为排放含营养物质的工业废水和生活污水所引起的水体富营养化现象，可以在短期内出现。水体富营养化后，即使切断外界营养物质的来源，也很难自净和恢复到正常水平。水体富营养化严重时，湖泊可被某些繁生植物及其残骸淤塞，成为沼泽甚至干地。局部海区可变成“死海”，或出现“赤潮”现象。

植物营养物质的来源广、数量大，有生活污水、农业面源污水、工业废水、垃圾等。每人每天带进污水中的氮约 50g。生活污水中的磷主要来源于洗涤废水，而施入农田的化肥有 50%~80%流入江河、湖海和地下水体中。

许多参数可用作水体富营养化的指标，常用的是总磷、叶绿素-a 含量和初级生产率的大小（见表 3-3）。

表 3-3　水体富营养化程度划分

富营养化程度	初级生产率/$mgO_2 \cdot (m^2 \cdot d)^{-1}$	总磷/$\mu g \cdot L^{-1}$	无机氮/$\mu g \cdot L^{-1}$
极贫	0~136	<0.005	<0.200
贫-中		0.005~0.010	0.200~0.400
中	137~409	0.010~0.030	0.300~0.650
中-富		0.030~0.100	0.500~1.500
富	410~547	>0.100	>1.500

三、实验仪器

（1）可见分光光度计。

（2）移液管（1mL、2mL、10mL）。

（3）容量瓶（100mL、250mL）。

（4）锥形瓶（250mL）。

（5）比色管（25mL）。

（6）BOD 瓶（250mL）。

（7）具塞小试管（10mL）。

（8）玻璃纤维滤膜、剪刀、玻棒、夹子。

（9）多功能水质检测仪。

四、实验试剂

（1）过硫酸铵（固体）。

（2）浓硫酸。

（3）硫酸溶液（1mol/L）。

（4）盐酸溶液（2mol/L）。

（5）氢氧化钠溶液（6mol/L）。

（6）酚酞（1%）。1g 酚酞溶于 90mL 乙醇中，加水至 100mL。

（7）丙酮：水（9：1）溶液。

（8）酒石酸锑钾溶液。将 4.4g $K(SbO)C_4H_4O_6 \cdot 1/2H_2O$ 溶于 200mL 蒸馏水中，用棕色瓶在 4℃时保存。

（9）钼酸铵溶液。将 20g $(NH_4)_6MO_7O_{24} \cdot 4H_2O$ 溶于 500mL 蒸馏水中，用塑料瓶在 4℃时保存。

（10）抗坏血酸溶液（0.1mol/L）。溶解 1.76g 抗坏血酸于 100mL 蒸馏水中，转入棕色瓶，若在 4℃时保存，可维持 1 个星期不变。

（11）混合试剂。50mL 2mol/L 硫酸、5mL 酒石酸锑钾溶液、15mL 钼酸铵溶液和 30mL 抗坏血酸溶液。混合前，先让上述溶液达到室温，并按上述次序混合。在加入酒石酸锑钾或钼酸铵后，如混合试剂有浑浊，须摇动混合试剂，并放置几分钟，至澄清为止。若在 4℃下保存，可维持 1 个星期不变。

（12）磷酸盐储备液（1.00mg/mL 磷）。称取 1.098g KH_2PO_4，溶解后

转入 250mL 容量瓶中，稀释至刻度，即得 1.00mg/mL 磷溶液。

(13) 磷酸盐标准溶液。量取 1.00mL 储备液于 100mL 容量瓶中，稀释至刻度，即得磷含量为 10μg/mL 的工作液。

五、实验过程

(一) 磷的测定

1. 实验原理

在酸性溶液中，将各种形态的磷转化成磷酸根离子（PO_4^{3-}）。随之用钼酸铵和酒石酸锑钾与之反应，生成磷钼锑杂多酸，再用抗坏血酸把它还原为深色钼蓝。

砷酸盐与磷酸盐一样也能生成钼蓝，0.1g/mL 的砷就会干扰测定。六价铬、二价铜和亚硝酸盐能氧化钼蓝，使测定结果偏低。

2. 实验步骤

(1) 水样处理：水样中如有大的微粒，可用搅拌器搅拌 2~3min，以至混合均匀。量取 100mL 水样（或经稀释的水样）2 份，分别放入 250mL 锥形瓶中，另取 100mL 蒸馏水于 250mL 锥形瓶中作为对照，分别加入 1mL 2mol/L H_2SO_4、3g $(NH_4)_2S_2O_8$，微沸约 1h，补加蒸馏水使体积为 25~50mL（如锥形瓶壁上有白色凝聚物，应用蒸馏水将其冲入溶液中），再加热数分钟。冷却后，加一滴酚酞，并用 6mol/L NaOH 将溶液中和至微红色。再滴加 2mol/L HCl 使粉红色恰好褪去，转入 100mL 容量瓶中，加水稀释至刻度，移取 25~50mL 比色管中，加 1mL 混合试剂，摇匀后，放置 10min，加水稀释至刻度再摇匀，放置 10min，以试剂空白作参比，用 1cm 比色皿，于波长 880nm 处测定吸光度。若分光光度计不能测定 880nm 处的吸光度，可选择 710nm 波长。

(2) 标准曲线的绘制：分别吸取 10μg/mL 磷的标准溶液 0.00mL、0.50mL、1.00mL、1.50mL、2.00mL、2.50mL、3.00mL 于 50mL 比色管中，加水稀释至约 25mL，加入 1mL 混合试剂，摇匀后放置 10min，加水稀释至刻度，再摇匀，10min 后，以试剂空白作参比，用 1cm 比色皿，于波长 880nm 处测定吸光度。

3. 结果处理

由标准曲线查得磷的含量，按下式计算水中磷的含量：

$$\rho_{P} = \frac{W_{P}}{V}$$

式中　ρ_{P}——水中磷的含量，g/L。

W_{P}——由标准曲线上查得的磷含量，μg；

V——测定时吸取水样的体积，本实验 $V = 25.00$mL。

（二）生产率的测定

1. 实验原理

绿色植物的生产率是光合作用的结果，与氧的产生量呈比例。因此，测定水体中的氧可看作对生产率的测量。然而在任何水体中都有呼吸作用产生，要消耗一部分氧。因此在计算生产率时，还必须测量因呼吸作用所损失的氧。本实验用测定2只无色瓶和2只深色瓶中相同样品内溶解氧变化量的方法测定生产率。此外，测定无色瓶中氧的减少量，提供校正呼吸作用的数据。

2. 实验步骤

（1）取4只BOD瓶，其中2只用铝箔包裹使之不透光，这些分别记作“亮”瓶和“暗”瓶。从一水体上半部的中间取出水样，测量水温和溶解氧。如果此水体的溶解氧未过饱和，则记录此值为 ρ_{Oi}，然后将水样分别注入一对“亮”瓶和“暗”瓶中。若水样中溶解氧过饱和，则缓缓地给水样通气，以除去过剩的氧。重新测定溶解氧并记作 ρ_{Oi}。按上述方法将水样分别注入一对“亮”瓶和“暗”瓶中。

（2）从水体下半部的中间取出水样，按上述方法同样处理。

（3）将两对“亮”瓶和“暗”瓶分别悬挂在与取水样相同的水深位置，调整这些瓶子，使阳光能充分照射。一般将瓶子暴露几个小时，暴露期为清晨至中午，或中午至黄昏，也可清晨到黄昏。为方便起见，可选择较短的时间。

（4）暴露期结束即取出瓶子，逐一测定溶解氧，分别将“亮”瓶和“暗”瓶的数值记为 ρ_{Ol} 和 ρ_{Od}。

3. 结果处理

（1）呼吸作用：

$$\text{氧在暗瓶中的减少量}\ R = \rho_{Oi} - \rho_{Od}$$

净光合作用：

$$\text{氧在亮瓶中的增加量}\ P_{n} = \rho_{Ol} - \rho_{Od}$$

总光合作用：

$$P_g = \text{呼吸作用减少量} + \text{净光合作用增加量}$$
$$= (\rho_{Oi} - \rho_{Od}) + (\rho_{Ol} - \rho_{Oi}) = \rho_{Ol} - \rho_{Od}$$

（2）计算水体上下两部分值的平均值。

（3）通过以下公式计算来判断每单位水域总光合作用和净光合作用的日速率。

1）把暴露时间修改为日周期：

$$P_g'[\text{mg } O_2/(L \cdot d)] = P_g \times \text{每日光周期时间} / \text{暴露时间}$$

2）将生产率单位从 mg O_2/L 改为 mg O_2/m^2，这表示1m^2 水面下水柱的总产生率。为此必须知道产生区的水深：

$$P_g''[\text{mg } O_2/(m^2 \cdot d)] = P_g \times \text{每日光周期时间} / \text{暴露时间} \times 10^3 \times \text{水深(m)}$$

式中 10^3——体积浓度 mg/L 换算为 mg/m^3 的系数。

3）假设全日 24h 呼吸作用保持不变，计算日呼吸作用氧的减少量：

$$R[\text{mg } O_2/(m^2 \cdot d)] = R \times 24/ \text{暴露时间(h)} \times 10^3 \times \text{水深(m)}$$

4）计算日净光合作用氧的增加量：

$$P_n[\text{mg } O_2/(L \cdot d)] = \text{日} P_g - \text{日} R$$

（4）假设符合光合作用的理想方程（$CO_2+H_2O \longrightarrow CH_2O+O_2$），将生产率的单位转换成固定碳的单位：

$$\text{日} P_m[\text{mg C}/(m^2 \cdot d)] = \text{日} P_n[\text{mg } O_2/(m^2 \cdot d)] \times 12/32$$

（三）叶绿素-a 的测定

1. 实验原理

测定水体中叶绿素-a 的含量，可估计该水体的绿色植物存在量。将色素用丙酮萃取，测量其吸光度值，便可以测得叶绿素-a 的含量。

2. 实验步骤

（1）将 100~500mL 水样经玻璃纤维滤膜过滤，记录过滤水样的体积。将滤纸卷成香烟状，放入小瓶或离心管。加 10mL 或足以使滤纸淹没的 90% 丙酮液，记录体积，塞住瓶塞，并在 4℃ 下暗处放置 4h。如有浑浊，可离心萃取。将一些萃取液倒入 1cm 玻璃比色皿，加比色皿盖，以试剂空白为参比，分别在波长 665nm 和 750nm 处测其吸光度。

（2）加 1 滴 2mol/L 盐酸于上述两只比色皿中，混匀并放置 1min，再在波长 665nm 和 750nm 处测定吸光度。

3. 结果处理

酸化前：$A=A_{665}-A_{750}$，酸化后：$A_a=A_{665a}-A_{750a}$。

在665nm处测得吸光度（A_{665}）减去750nm处测得吸光度（A_{750}）是为了校正浑浊液。

用下式计算叶绿素-a的浓度（μg/L）：

$$叶绿素\text{-a}浓度 = 29(A - A_a)V_{萃取液}/V_{样品}$$

式中　$V_{萃取液}$——萃取液体积，mL;

$V_{样品}$——样品体积，mL。

根据测定结果，并查阅有关资料，评价水体富营养化状况。

六、思考题

（1）水体中氮、磷的主要来源有哪些？

（2）在计算日生产率时，有几个主要假设？

（3）被测水体的富营养化状况如何？

实验二十一　重金属在土壤植物系统中的迁移转化

一、实验目的和要求

（1）用原子吸收法测定土壤及植物中 Cu、Zn、Pb、Cd 的含量。

（2）了解土壤-植物体系中重金属的迁移、转化规律。

二、实验原理

通过消化处理将在同一农田中采集植物及土壤样品中各种形态的重金属转化为离子态，用原子吸收分光光度法测定；通过比较分析土壤和作物中重金属含量，探讨重金属在植物-土壤体系中的迁移能力。

三、实验仪器

（1）原子吸收分光光度计。

（2）尼龙筛（100 目）。

（3）电热板。

（4）量筒（100mL）。

（5）高型烧杯（100mL）。

（6）容量瓶（25mL、100mL）。

（7）三角烧瓶（100mL）。

（8）小三角漏斗。

（9）表面皿。

四、实验试剂

（1）硝酸、硫酸：优级纯。

（2）氧化剂。空气，用气体压缩机供给，经过必要的过滤和净化。

（3）金属标准储备液。准确称取 0.5000g 光谱纯金属，用适量的 1∶1 硝酸溶解，必要时加热直至溶解完全。用水稀释至 500.0mL，即得 1.00mg 金属/mL 标准储备液。

（4）混合标准溶液。用 0.2%硝酸稀释金属标准储备溶液配制而成，使配成的混合标准溶液中镉、铜、铅和锌浓度分别为 10.0μg/mL、50.0μg/mL、

100.0μg/mL、10.0μg/mL。

五、实验步骤

（一）土壤样品的制备

（1）土样的采集与预处理：在芦苇田取土样，倒在塑料薄膜上，晒至半干状态，在阴凉处使其慢慢风干。风干土样经磨碎后，过2mL尼龙筛，风干细土反复按四分法弃取，最后留下约100g土样，再进一步磨细。

（2）土样的消解：取风干磨细过100目土样0.5000g于玻璃烧杯内，加$HCl:HNO_3:HClO_4$（6mL：4mL：2mL优级纯）混合酸，放置过夜，砂浴低温（100℃以下）消化1h以后，升到200℃消化1h，再升高温度（250~300℃），继续消化至$HClO_4$大量冒烟并至干（糊状），再加5mL硝酸消解至余约2mL，直至消煮完全。

冷却后定容至25mL待测，标线用1%硝酸定容，标准曲线与样品酸度条件尽量保持一致。同时做一份空白实验。

（二）植物样品的制备

（1）植物样品采集：取与土壤样品同一地点的芦苇（茎、叶或果实部分）经风干后，再经粉碎，研细成粉，装入样品瓶，保存于干燥器中。

（2）植物样品消解：称取烘干磨细植物样品0.5000~1.000g于100mL高脚烧杯中，加$HNO_3:HClO_4$（4mL：1mL，优级纯）混合酸10mL，放置过夜，砂浴低温100~150℃加热30min，加大火力（温度控制在200~250℃），待瓶内开始冒大烟时，注意经常摇动烧杯防止样品炭化变黑，必要时可以补加适量混合酸，直到瓶内溶液呈无色透明尚有约2mL时终止，冷却后用三级水洗入25mL容量瓶中，定容，必要时需要用定量滤纸过滤，样品溶液待测。工作曲线用1%硝酸溶液配制。同时做一份空白实验。

（三）土壤及植物中Pb、Zn、Cu、Cd含量的测定

用1%硝酸调零。吸入空白样和试样，测量其吸光度，记录数据。扣除空白值后，从标准曲线上查出试样中的金属浓度。由于仪器灵敏度的差别，土壤及植物样品中重金属元素含量不同，必要时应对试液稀释后再测定。

（四）工作曲线的绘制

分别在6只100mL容量瓶中按表3-4加入金属标准溶液，用1%硝酸稀释定容。金属浓度见表3-4。接着按样品测定的步骤测量吸光度，绘制标准曲线。

表 3-4　金属标准系列溶液浓度

混合标准使用液体积/mL		0	0.50	1.00	3.00	5.00	10.00
金属浓度/$\mu g \cdot mL^{-1}$	Cd	0	0.05	0.10	0.30	0.50	1.00
	Cu	0	0.25	0.50	1.50	2.50	5.00
	Pb	0	0.50	1.00	3.00	5.00	10.00
	Zn	0	0.05	0.10	0.30	0.50	1.00

六、结果处理

由测定所得吸光度，分别从标准工作曲线上查得被测试液中各金属的浓度，根据下式计算出样品中被测元素的含量：

$$被测元素含量(\mu g/g) = \frac{CV}{W_{实}}$$

式中　C——被测试液的浓度，μg/mL；

V——试液的体积，mL；

$W_{实}$——样品的实际质量，g。

七、思考题

(1) 植物的前处理有干法及湿法两种，各有什么优缺点?

(2) 比较铜、锌、铅、镉在土壤及植物中的含量，描述土壤-植物体系中 Cu、Zn、Pb、Cd 迁移情况，分析重金属富集的情况及影响因素。

实验二十二　鱼类急性毒性实验

一、实验目的和要求

（1）掌握鱼类急性毒性实验的原理和操作。

（2）掌握半致死浓度的计算方法。

二、实验原理

鱼类对水环境的变化十分灵敏，运用毒理实验方法，观察鱼类在含有化学污染物的水环境中的反应，可以比较不同化学物质的毒性高低。鱼类毒性实验方法可分为静态方法和动态方法两大类。静态实验方法操作简单，不需要特殊设备，适宜于受试化学物在水中相对稳定、在实验过程中耗氧量较低的短期实验。动态实验方法要求具备一定的设备，对于在水中不稳定、耗氧量较高的化学物需要进行较长时间的实验观察时，可采用动态实验方法。本实验介绍静态实验方法。

三、实验器材

（1）玻璃缸或搪瓷桶。
（2）重金属盐。
（3）金鱼。

四、实验步骤

（一）预备实验

预备实验的方法，可参考有关资料初步估计3~4个浓度，每个浓度用3~4尾鱼，观察24~48h。进行预备实验的目的是确定实验浓度的范围（找出引起实验鱼全部死亡和不引起实验鱼死亡的浓度）；观察鱼中毒的表现和出现中毒的时间，为正式实验选择观察指标提供依据。同时还要做一些化学测定，以了解实验液的稳定性、pH值、溶解氧的变化情况，以便在正式实验时采取措施。

（二）正式实验

（1）根据在预备实验中得到的浓度范围，其间距按等比级数插入3~5个中间浓度。实验中至少选择5个不同浓度，一般以7个浓度较常用，但所选择的浓度应包括使实验鱼在 24h 内死亡的浓度，以及 96h 内不发生中毒的浓度。

（2）实验中无论采用何种分组方法，都必须同时设对照组。配制实验液时应先配制少量高浓度的储备液，实验时临时稀释所需浓度的实验液。先把药液与水均匀混合后，再放入实验鱼，禁止先放入实验鱼后往实验缸中加受试药液，以免实验鱼接触到不均匀的高浓度的药液而提前死亡。

（3）结果的观察：实验开始后 8h 进行连续观察并做好记录，8h 后可做 24h、48h 和 96h 的详细观察记录。实验过程中发现有特殊变化应随时记录。

观察指标包括理化指标和生物指标。理化指标是水的溶解氧、pH 值、水温、硬度等，用以检查实验条件的稳定性，排除由于实验条件的变化可能带来对实验鱼的影响。生物指标包括鱼的死亡率和由于中毒而引起的鱼的生化、生理以及形态学、组织学的变化。

鱼死亡的判断方法是当鱼中毒停止呼吸以后，用小镊子夹鱼尾柄部，5min 内不出现反应可判定为死亡。死亡鱼必须移出实验缸，以免影响水质。实验过程应记录 24h、48h 和 96h 各组鱼的死亡数。

（4）实验时间与毒性判定：正式实验至少进行 48h，一般是 96h。如果受试化学物的饱和溶液在 96h 内不引起实验鱼死亡，可认为毒性不显著，但不能据此作出无毒的结论。因为是否无毒，还应根据鱼的生化、生理指标的检查才能最后确定。

TLm（半数耐受限量）用以表示化学物对鱼类生存的影响，是鱼类中毒试验的重要指标，与半致死浓度 LC_{50} 的意义相同。根据鱼类急性毒性试验结果，对化学物质的分级标准如下：

以 48h TLm 值为依据，剧毒：$<0.5\times10^{-6}$；中毒：$(0.5\sim10)\times10^{-6}$；低毒：$>10\times10^{-6}$。

五、注意事项

（1）实验水的温度、pH 值、溶解氧、硬度和水量的合理与否，对实验结果影响较大，必须严格控制，一般淡水鱼的水质要求如下。

1）水温：实验中应保持鱼类原来适应的环境，温水鱼 20～28℃，冷水鱼 12～18℃，在同一实验中，温度的波动范围不要超过±2℃。

2）pH 值：6.7～8.5。

3）溶解氧：>4.0mg/L。

4）水量：每克鱼体重供水 0.5L 以上。

通常在软水中进行。可采用自然界的江、河、湖水，如果用自来水，则必须进行人工曝气或放置 3 天以上脱氯。

（2）实验鱼的要求：鱼类毒性实验在我国常用四大养殖淡水鱼（青鱼、草鱼、鲢鱼、鳙鱼）、金鱼、鲫鱼等。其中以鲢鱼、草鱼应用较多。鱼的大小不同，对毒物的敏感度有所不同，一般鱼苗比成鱼敏感。在同一实验中要求实验鱼同属、同种、同龄。鱼的平均体长 7cm 以下合适（鱼体长指自上颌至尾柄和尾鳍交界处的水平距离）；金鱼的身宽，一般以 3cm 以下较合适。每个实验浓度可用鱼 10~20 尾。

（3）实验鱼必须健康，实验前在类似实验条件下驯养一周以上，驯养期间每天投饵一次。为保证水中有足够的溶解氧，根据驯养缸中鱼的密度和对鱼的观察，每天换水 1~2 次。实验前一天停止投饵，但 96h 以上的实验鱼每天应给予少量不影响水质的饵料。实验前 4 天要求驯养缸中鱼最好不出现死亡，即使有死亡，也不得超过 10%，否则不能用于正式实验。

（4）半致死浓度的计算：在水生生物急性毒性试验中，半数致死浓度（LC_{50}）、平均耐受限（TLm）、半数有效浓度（EC_{50}）等常用来表示化学物质或工业废水对水生生物的急性毒性。由急性毒性试验所得数据计算 LC_{50}、TLm、EC_{50}的原理和方法基本上是相似的。

用于计算半致死浓度的方法有多种，如概率单位法、最小二乘法、加权直线回归法、图解法、寇氏法、直线内插法等。这里介绍常用的直线内插法。直线内插法是图解计算 LC_{50}、TLm、EC_{50}的一种简便方法，在水生生物毒性试验中被广泛使用。就常规毒性试验和水质监测而论，在试验的精密度范围内，使用直线内插法一般是准确的。

所谓直线内插法，即是根据两个或多个试验浓度组的动物死亡百分数作一浓度-死亡反应线，内插所要求的一个数值。因此，用直线内插法求半数致死浓度时，在试验设置的浓度组中必须至少存在这样两个浓度：一个要能引起 50%以上的试验动物死亡，另一个出现的死亡率则要低于 50%。

用直线内插法求 LC_{50}时，在半对数坐标纸上，以对数轴表示试验溶液的浓度，算术坐标表示试验动物的死亡百分数，绘出与试验所得数据相应的各点。将死亡率 50%上下的两点做一直线，再自所作直线与 50%死亡线的交点作一垂直于纵轴的垂线，该垂线与纵轴的交点即为所求的半致死浓度。如无半对数纸，也可用方格纸代替，但应先将浓度作对数转换，然后以纵轴表示之。垂线与纵轴的交点为 LC_{50}的对数，故需查反对数表才能得到半致死浓度。

附录　常用相关环境质量标准

附录一　地表水环境质量标准（GB 3838—2002）（摘录）

1　适用范围

1.1　本标准按照地表水环境功能分类和保护目标，规定了水环境质量应控制的项目及限值，以及水质评价、水质项目的分析方法和标准的实施与监督。

1.2　本标准适用于中华人民共和国领域内江河、湖泊、运河、渠道、水库等具有使用功能的地表水水域。具有特定功能的水域，执行相应的专业用水水质标准。

2　水域功能和标准分类

依据地表水水域环境功能和保护目标，按功能高低依次划分为五类：

Ⅰ类　主要适用于源头水、国家自然保护区；

Ⅱ类　主要适用于集中式生活饮用水地表水源地一级保护区、珍稀水生生物栖息地、鱼虾类产卵场、仔稚幼鱼的索饵场等；

Ⅲ类　主要适用于集中式生活饮用水地表水源地二级保护区、鱼虾类越冬场、洄游通道、水产养殖区等渔业水域及游泳区；

Ⅳ类　主要适用于一般工业用水区及人体非直接接触的娱乐用水区；

Ⅴ类　主要适用于农业用水区及一般景观要求水域。

对应地表水上述五类水域功能，将地表水环境质量标准基本项目标准分为五类，不同功能类别分别执行相应类别的标准值。水域功能类别高的标准值严于水域功能类别低的标准值。同一水域兼有多类使用功能的，执行最高功能类别对应的标准值。实现水域功能与达标功能类别标准为同一含义。

3　标准值

3.1　地表水环境质量标准基本项目标准限值见表1。

表1　地表水环境质量标准基本项目标准限值

序号	标准值 分类 / 项目	Ⅰ类	Ⅱ类	Ⅲ类	Ⅳ类	Ⅴ类
1	水温/℃	人为造成的环境水温变化应限制在： 周平均最大温升≤1；周平均最大温降≤2				
2	pH值（无量纲）	6~9				
3	溶解氧/$mg \cdot L^{-1}$	饱和率90% （或≥7.5）	≥6	≥5	≥3	≥2
4	高锰酸盐指数/$mg \cdot L^{-1}$	≤2	≤4	≤6	≤10	≤15
5	化学需氧量（COD）/$mg \cdot L^{-1}$	≤15	≤15	≤20	≤30	≤40
6	5日生化需氧量（BOD_5）/$mg \cdot L^{-1}$	≤3	≤3	≤4	≤6	≤10
7	氨氮（NH_3-N）含量/$mg \cdot L^{-1}$	≤0.15	≤0.5	≤1.0	≤1.5	≤2.0
8	总磷含量（以P计）/$mg \cdot L^{-1}$	≤0.02（湖、库≤0.01）	≤0.1（湖、库≤0.025）	≤0.2（湖、库≤0.05）	≤0.3（湖、库≤0.1）	≤0.4（湖、库≤0.2）
9	总氮含量（湖、库，以N计）/$mg \cdot L^{-1}$	≤0.2	≤0.5	≤1.0	≤1.5	≤2.0
10	铜含量/$mg \cdot L^{-1}$	≤0.01	≤1.0	≤1.0	≤1.0	≤1.0
11	锌含量/$mg \cdot L^{-1}$	≤0.05	≤1.0	≤1.0	≤2.0	≤2.0
12	氟化物含量/$mg \cdot L^{-1}$（以F^-计）	≤1.0	≤1.0	≤1.0	≤1.5	≤1.5
13	硒含量/$mg \cdot L^{-1}$	≤0.01	≤0.01	≤0.01	≤0.02	≤0.02
14	砷含量/$mg \cdot L^{-1}$	≤0.05	≤0.05	≤0.05	≤0.1	≤0.1
15	汞含量/$mg \cdot L^{-1}$	≤0.00005	≤0.00005	≤0.0001	≤0.001	≤0.001
16	镉含量/$mg \cdot L^{-1}$	≤0.001	≤0.005	≤0.005	≤0.005	≤0.01
17	铬含量/$mg \cdot L^{-1}$（六价）	≤0.01	≤0.05	≤0.05	≤0.05	≤0.1
18	铅含量/$mg \cdot L^{-1}$	≤0.01	≤0.01	≤0.05	≤0.05	≤0.1
19	氰化物含量/$mg \cdot L^{-1}$	≤0.005	≤0.05	≤0.2	≤0.2	≤0.2
20	挥发酚含量/$mg \cdot L^{-1}$	≤0.002	≤0.002	≤0.005	≤0.01	≤0.1
21	石油类含量/$mg \cdot L^{-1}$	≤0.05	≤0.05	≤0.05	≤0.5	≤1.0
22	阴离子表面活性剂含量/$mg \cdot L^{-1}$	≤0.2	≤0.2	≤0.2	≤0.3	≤0.3
23	硫化物含量/$mg \cdot L^{-1}$	≤0.05	≤0.1	≤0.2	≤0.5	≤1.0
24	粪大肠菌群含量/个$\cdot L^{-1}$	≤200	≤2000	≤10000	≤20000	≤40000

3.2　集中式生活饮用水地表水源地补充项目标准限值见表2。

表2　集中式生活饮用水地表水源地补充项目标准限值　　(mg/L)

序号	项　目	标准值
1	硫酸盐（以 SO_4^{2-} 计）	250
2	氯化物（以 Cl^- 计）	250
3	硝酸盐（以 N 计）	10
4	铁	0.3
5	锰	0.1

3.3　集中式生活饮用水地表水源地特定项目标准限值见表3。

表3　集中式生活饮用水地表水源地特定项目标准限值　　(mg/L)

序号	项　目	标准值	序号	项　目	标准值
1	三氯甲烷	0.06	41	丙烯酰胺	0.0005
2	四氯化碳	0.002	42	丙烯腈	0.1
3	三溴甲烷	0.1	43	邻苯二甲酸二丁酯	0.003
4	二氯甲烷	0.02	44	邻苯二甲酸二（2-乙基已基）酯	0.008
5	1,2-二氯乙烷	0.03	45	水合肼	0.01
6	环氧氯丙烷	0.02	46	四乙基铅	0.0001
7	氯乙烯	0.005	47	吡啶	0.2
8	1,1-二氯乙烯	0.03	48	松节油	0.2
9	1,2-二氯乙烯	0.05	49	苦味酸	0.5
10	三氯乙烯	0.07	50	丁基黄原酸	0.005
11	四氯乙烯	0.04	51	活性氯	0.01
12	氯丁二烯	0.002	52	滴滴涕	0.001
13	六氯丁二烯	0.0006	53	林丹	0.002
14	苯乙烯	0.02	54	环氧七氯	0.0002
15	甲醛	0.9	55	对硫磷	0.003
16	乙醛	0.05	56	甲基对硫磷	0.002
17	丙烯醛	0.1	57	马拉硫磷	0.05
18	三氯乙醛	0.01	58	乐果	0.08
19	苯	0.01	59	敌敌畏	0.05
20	甲苯	0.7	60	敌百虫	0.05
21	乙苯	0.3	61	内吸磷	0.03
22	二甲苯①	0.5	62	百菌清	0.01
23	异丙苯	0.25	63	甲萘威	0.05
24	氯苯	0.3	64	溴氰菊酯	0.02
25	1,2-二氯苯	1.0	65	阿特拉津	0.003
26	1,4-二氯苯	0.3	66	苯并［a］芘	2.8×10^{-6}
27	三氯苯②	0.02	67	甲基汞	1.0×10^{-6}
28	四氯苯③	0.02	68	多氯联苯⑥	2.0×10^{-5}
29	六氯苯	0.05	69	微囊藻毒素-LR	0.001
30	硝基苯	0.017	70	黄磷	0.003
31	二硝基苯④	0.5	71	钼	0.07
32	2,4-二硝基甲苯	0.0003	72	钴	1.0
33	2,4,6-三硝基甲苯	0.5	73	铍	0.002
34	硝基氯苯⑤	0.05	74	硼	0.5
35	2,4-二硝基氯苯	0.5	75	锑	0.005

续表 3

序号	项　　目	标准值	序号	项　　目	标准值
36	2,4-二氯苯酚	0.093	76	镍	0.02
37	2,4,6-三氯苯酚	0.2	77	钡	0.7
38	五氯酚	0.009	78	钒	0.05
39	苯胺	0.1	79	钛	0.1
40	联苯胺	0.0002	80	铊	0.0001

①二甲苯：指对-二甲苯、间-二甲苯、邻-二甲苯。

②三氯苯：指 1,2,3-三氯苯、1,2,4-三氯苯、1,3,5-三氯苯。

③四氯苯：指 1,2,3,4-四氯苯、1,2,3,5-四氯苯、1,2,4,5-四氯苯。

④二硝基苯：指对-二硝基苯、间-二硝基苯、邻-二硝基苯。

⑤硝基氯苯：指对-硝基氯苯、间-硝基氯苯、邻-硝基氯苯。

⑥多氯联苯：指 PCB-1016、PCB-1221、PCB-1232、PCB-1242、PCB-1248、PCB-1254、PCB-1260。

4　水质评价

4.1　地表水环境质量评价应根据应实现的水域功能类别，选取相应类别标准，进行单因子评价，评价结果应说明水质达标情况，超标的应说明超标项目和超标倍数。

4.2　丰、平、枯水期特征明显的水域，应分水期进行水质评价。

4.3　集中式生活饮用水地表水源地水质评价的项目应包括表 1 中的基本项目、表 2 中的补充项目以及由县级以上人民政府环境保护行政主管部门从表 3 中选择确定的特定项目。

5　水质监测

5.1　本标准规定的项目标准值，要求水样采集后自然沉降 30min，取上层非沉降部分按规定方法进行分析。

5.2　地表水水质监测的采样布点、监测频率应符合国家地表水环境监测技术规范的要求。

5.3　本标准水质项目的分析方法应优先选用国家标准方法，也可采用 ISO 方法体系等其他等效分析方法，但须进行适用性检验。

6　标准的实施与监督

6.1　本标准由县级以上人民政府环境保护行政主管部门及相关部门按职责分工监督实施。

6.2　集中式生活饮用水地表水源地水质超标项目经自来水厂净化处理后，必须达到《生活饮用水卫生规范》的要求。

6.3　省、自治区、直辖市人民政府可以对本标准中未作规定的项目，制定地方补充标准，并报国务院环境保护行政主管部门备案。

附录二 污水综合排放标准（GB 8978—1996)(摘录)

1 适用范围

1.1 本标准适用于现有单位水污染物的排放管理，以及建设项目的环境影响评价、建设项目环境保护设施设计、竣工验收及其投产后的排放管理。

1.2 按照国家综合排放标准与国家行业排放标准不交叉执行的原则，造纸工业执行《造纸工业水污染物排放标准》(GB 3544—92)，船舶执行《船舶污染物排放标准》(GB 3552—83)，船舶工业执行《船舶工业污染物排放标准》(GB 4286—84)，海洋石油开发工业执行《海洋石油开发工业含油污水排放标准》(GB 4914—85)，纺织染整工业执行《纺织染整工业水污染物排放标准》(GB 4287—92)，肉类加工工业执行《肉类加工工业水污染物排放标准》(GB 13457—92)，合成氨工业执行《合成氨工业水污染物排放标准》(GB 13458—92)，钢铁工业执行《钢铁工业水污染物排放标准》(GB 13456—92)，航天推进剂使用执行《航天推进剂水污染物排放标准》(GB 14374—93)，兵器工业执行《兵器工业水污染物排放标准》(GB 14470.1～14470.3—93 和 GB 4274～4279—84)，磷肥工业执行《磷肥工业水污染物排放标准》(GB 15580—95)，烧碱、聚氯乙烯工业执行《烧碱、聚氯乙烯工业水污染物排放标准》(GB 15581—95)，其他水污染物排放均执行本标准。

1.3 本标准颁布后，新增加国家行业水污染物排放标准的行业，按其适用范围执行相应的国家水污染物排放行业标准，不再执行本标准。

2 引用标准

下列标准所包含的条文，通过在本标准中引用而构成为本标准的条文。

GB 3097—82《海水水质标准》；

GB 3838—88《地面水环境质量标准》；

GB 8703—88《地面水环境质量标准》；

GB 8703—88《辐射防护规定》。

3　定义

3.1　污水：指在生产与生活活动中排放的水的总称。

3.2　排水量：指在生产过程中直接用于工艺生产的水的排放量。不包括间接冷却水、厂区锅炉、电站排水。

3.3　一切排污单位：指本标准适用范围所包括的一切排污单位。

3.4　其他排污单位：指在某一控制项目中，除所列行业外的一切排污单位。

4　技术内容

4.1　标准分级

4.1.1　排入 GB 3838 Ⅲ类水域（划定的保护区和游泳区除外）和排入 GB 3097 中二类海域的污水，执行一级标准。

4.1.2　排入 GB 3838 中Ⅳ、Ⅴ类水域和排入 GB 3097 中三类海域的污水，执行二级标准。

4.1.3　排入设置二级污水处理厂的城镇排水系统的污水，执行三级标准。

4.1.4　排入未设置二级污水处理厂的城镇排水系统的污水，必须根据排水系统出水受纳水域的功能要求，分别执行 4.1.1 和 4.1.2 的规定。

4.1.5　GB 3838 中Ⅰ、Ⅱ类水域和Ⅲ类水域中划定的保护区，GB 3097 中一类海域，禁止新建排污口，现有排污口应按水体功能要求，实行污染物总量控制，以保证受纳水体水质符合规定用途的水质标准。

4.2　标准值

4.2.1　本标准将排放的污染物按其性质及控制方式分为两类。

4.2.1.1　第一类污染物，不分行业和污水排放方式，也不分受纳水体的功能类别，一律在车间或车间处理设施排放口采样，其最高允许排放浓度必须达到本标准要求（采矿行业的尾矿坝出水口不得视为车间排放口）。

4.2.1.2　第二类污染物，在排污单位排放口采样，其最高允许排放浓度必须达到本标准要求。

4.2.2　本标准按年限规定了第一类污染物和第二类污染物最高允许排放浓度及部分行业最高允许排水量，分别为：

4.2.2.1　1997 年 12 月 31 日之前建设（包括改、扩建）的单位，水污染物的排放必须同时执行表 1、表 2、表 3 的规定。

4.2.2.2　1998年1月1日起建设（包括改、扩建）的单位，水污染物的排放必须同时执行表1、表4、表5的规定。

4.2.2.3　建设（包括改、扩建）单位的建设时间，以环境影响评价报告书（表）批准日期为准划分。

4.3　其他规定

4.3.1　同一排放口排放两种或两种以上不同类别的污水，且每种污水的排放标准又不同时，其混合污水的排放标准按附录A计算。

4.3.2　工业污水污染物的最高允许排放负荷量按附录B计算。

4.3.3　污染物最高允许年排放总量按附录C计算。

4.3.4　对于排放含有放射性物质的污水，除执行本标准外，还须符合GB 8703—88《辐射防护规定》。

表1　第一类污染物最高允许排放浓度　(mg/L)

序号	污染物	最高允许排放浓度	序号	污染物	最高允许排放浓度
1	总汞	0.05	8	总镍	1.0
2	烷基汞	不得检出	9	苯并［a］芘	0.00003
3	总镉	0.1	10	总铍	0.005
4	总铬	1.5	11	总银	0.5
5	六价铬	0.5	12	总α放射性	1Bq/L
6	总砷	0.5	13	总β放射性	10Bq/L
7	总铅	1.0			

表2　第二类污染物最高允许排放浓度（1997年12月31日之前建设的单位）

(mg/L)

序号	污染物	适用范围	一级标准	二级标准	三级标准
1	pH值	一切排污单位	6~9	6~9	6~9
2	色度（稀释倍数）	染料工业	50	180	—
		其他排污单位	50	80	—
3	悬浮物（SS）	采矿、选矿、选煤工业	100	300	—
		脉金选矿	100	500	—
		边远地区砂金选矿	100	800	—
		城镇二级污水处理厂	20	30	—
		其他排污单位	70	200	400
		甘蔗制糖、苎麻脱胶、湿法纤维板工业	30	100	600

续表 2

序号	污 染 物	适用范围	一级标准	二级标准	三级标准
4	5 日生化需氧量（BOD_5）	甜菜制糖、酒精、味精、皮革、化纤浆粕工业	30	150	600
		城镇二级污水处理厂	20	30	—
		其他排污单位	30	60	300
		甜菜制糖、焦化、合成脂肪酸、湿法纤维板、染料、洗毛、有机磷农药工业	100	200	1000
		味精、酒精、医药原料药、生物制药、苎麻脱胶、皮革、化纤浆粕工业	100	300	1000
		石油化工工业（包括石油炼制）	100	150	500
5	化学需氧量（COD）	城镇二级污水处理厂	60	120	—
		其他排污单位	100	150	500
6	石油类	一切排污单位	10	10	30
7	动植物油	一切排污单位	20	20	100
8	挥发酚	一切排污单位	0.5	0.5	2.0
9	总氰化合物	电影洗片（铁氰化合物）	0.5	5.0	5.0
		其他排污单位	0.5	0.5	1.0
10	硫化物	一切排污单位	1.0	1.0	2.0
11	氨氮	医药原料药、染料、石油化工工业	15	50	—
		其他排污单位	15	25	—
		黄磷工业	10	20	20
12	氟化物	低氟地区（水体含氟量<0.5mg/L）	10	20	30
		其他排污单位	10	10	20
13	磷酸盐（以 P 计）	一切排污单位	0.5	1.0	—
14	甲醛	一切排污单位	1.0	2.0	5.0
15	苯胺类	一切排污单位	1.0	2.0	5.0
16	硝基苯类	一切排污单位	2.0	3.0	5.0
17	阴离子表面活性剂（LAS）	合成洗涤剂工业	5.0	15	20
		其他排污单位	5.0	10	20

续表 2

序号	污染物	适用范围	一级标准	二级标准	三级标准
18	总铜	一切排污单位	0.5	1.0	2.0
	总锌	一切排污单位	2.0	5.0	5.0
19	总锰	合成脂肪酸工业	2.0	5.0	5.0
		其他排污单位	2.0	2.0	5.0
20	彩色显影剂	电影洗片	2.0	3.0	5.0
21	显影剂及氧化物总量	电影洗片	3.0	6.0	6.0
22	元素磷	一切排污单位	0.1	0.3	0.3
23	有机磷农药（以 P 计）	一切排污单位	不得检出	0.5	0.5
24	粪大肠菌群数	医院①、兽医院及医疗机构含病原体污水	500 个/L	1000 个/L	5000 个/L
		传染病、结核病医院污水	100 个/L	500 个/L	1000 个/L
25	总余氯（采用氯化消毒的医院污水）	医院①、兽医院及医疗机构含病原体污水	<0.5②	>3（接触时间≥1h）	>2（接触时间≥1h）
		传染病、结核病医院污水	<0.5②	>6.5(接触时间≥1.5h	>5(接触时间≥1.5h)

①指 50 个床位以上的医院。

②加氯消毒后须进行脱氯处理，达到本标准要求。

表 3 部分行业最高允许排水量（1997 年 12 月 31 日之前建设的单位）

序号	行业类别			最高允许排水量或最低允许水重复利用率
1	有色金属系统选矿			水重复利用率 75%
	矿山工业	其他矿山工业采矿、选矿、选煤等		水重复利用率 90%（选煤）
		脉金选矿	重选	16.0m³/t（矿石）
			浮选	9.0m³/t（矿石）
			氰化	8.0m³/t（矿石）
			碳浆	8.0m³/t（矿石）
2	焦化企业（煤气厂）			1.2m³/t（焦炭）
3	有色金属冶炼及金属加工			水重复利用率 80%

续表 3

序号	行业类别	最高允许排水量或最低允许水重复利用率
4	石油炼制工业（不包括直排水炼油厂）加工深度分类	
	A. 燃料型炼油	>500 万吨，1.0m^3/t（原油） 250 万~500 万吨，1.2m^3/t（原油） <250 万吨，1.5m^3/t（原油）
	B. 燃料+润滑油型炼油厂	>500 万吨，1.5m^3/t（原油） 250 万~500 万吨，2.0m^3/t（原油） <250 万吨，2.0m^3/t（原油）
	C. 燃料+润滑油型+炼油化工型炼油厂（包括加工高含硫原油页岩油和石油添加剂生产基地的炼油厂）	>500 万吨，2.0m^3/t（原油） 250 万~500 万吨，2.5m^3/t（原油） <250 万吨，2.5m^3/t（原油）
5	合成洗涤剂工业：氯化法生产烷基苯	200.0m^3/t（烷基苯）
	合成洗涤剂工业：裂解法生产烷基苯	70.0m^3/t（烷基苯）
	合成洗涤剂工业：烷基苯生产合成洗涤剂	10.0m^3/t（产品）
6	合成脂肪酸工业	200.0m^3/t（产品）
7	湿法生产纤维板工业	30.0m^3/t（板）
8	制糖工业：甘蔗制糖	10.0m^3/t（甘蔗）
	制糖工业：甜菜制糖	4.0m^3/t（甜菜）
9	皮革工业：猪盐湿皮	60.0m^3/t（原皮）
	皮革工业：牛干皮	100.0m^3/t（原皮）
	皮革工业：羊干皮	150.0m^3/t（原皮）
10	发酵酿造工业：酒精工业：以玉米为原料	150.0m^3/t（酒精）
	发酵酿造工业：酒精工业：以薯类为原料	100m^3/t（酒精）
	发酵酿造工业：酒精工业：以糖蜜为原料	80.0m^3/t（酒精）
	味精工业	600.0m^3/t（味精）
	啤酒工业（排水量不包括麦芽水部分）	16.0m^3/t（啤酒）
11	铬盐工业	5.0m^3/t（产品）
12	硫酸工业（水洗法）	15.0m^3/t（硫酸）
13	苎麻脱胶工业	500m^3/t（原麻）或 750m^3/t（精干麻）
14	化纤浆粕	本色：150m^3/t（浆） 漂白：240m^3/t（浆）

续表 3

序号	行业类别		最高允许排水量或 最低允许水重复利用率
15	粘胶纤维工业 （单纯纤维）	短纤维（棉型中长纤维、毛型中长纤维）	$300m^3/t$（纤维）
		长纤维	$800m^3/t$（纤维）
16	铁路货车洗刷		$5.0m^3$/辆
17	电影洗片		$5m^3/1000m$（35mm 的胶片）
18	石油沥青工业		冷却池的水循环利用率 95%

表 4 第二类污染物最高允许排放浓度（1998 年 1 月 1 日后建设的单位）

（mg/L）

序号	污 染 物	适用范围	一级标准	二级标准	三级标准
1	pH 值	一切排污单位	6~9	6~9	6~9
2	色度（稀释倍数）	一切排污单位	50	80	—
		采矿、选矿、选煤工业	70	300	—
		脉金选矿	70	400	—
3	悬浮物（SS）	边远地区砂金选矿	70	800	—
		城镇二级污水处理厂	20	30	—
		其他排污单位	70	150	400
		甘蔗制糖、苎麻脱胶、湿法纤维板、染料、洗毛工业	20	60	600
4	5 日生化需氧量（BOD_5）	甜菜制糖、酒精、味精、皮革、化纤浆粕工业	20	100	600
		城镇二级污水处理厂	20	30	—
		其他排污单位	20	30	300
		甜菜制糖、合成脂肪酸、湿法纤维板、染料、洗毛、有机磷农药工业	100	200	1000
5	化学需氧量（COD）	味精、酒精、医药原料药、生物制药、苎麻脱胶、皮革、化纤浆粕工业	100	300	1000
		石油化工工业（包括石油炼制）	60	120	—
		城镇二级污水处理厂	60	120	500
		其他排污单位	100	150	500

续表 4

序号	污染物	适用范围	一级标准	二级标准	三级标准
6	石油类	一切排污单位	5	10	20
7	动植物油	一切排污单位	10	15	100
8	挥发酚	一切排污单位	0.5	0.5	2.0
9	总氰化合物	一切排污单位	0.5	0.5	1.0
10	硫化物	一切排污单位	1.0	1.0	1.0
11	氨氮	医药原料药、染料、石油化工工业	15	50	—
		其他排污单位	15	25	—
		黄磷工业	10	15	20
12	氟化物	低氟地区（水体含氟量<0.5mg/L)			
13	磷酸盐（以 P 计）	其他排污单位			
		一切排污单位			
14	甲醛	一切排污单位			
15	苯胺类	一切排污单位	1.0	2.0	5.0
16	硝基苯类	一切排污单位	2.0	3.0	5.0
17	阴离子表面活性剂（LAS）	一切排污单位	5.0	10	20
18	总铜	一切排污单位	0.5	1.0	2.0
19	总锌	一切排污单位	2.0	5.0	5.0
20	总锰	合成脂肪酸工业	2.0	5.0	5.0
		其他排污单位	2.0	2.0	5.0
21	彩色显影剂	电影洗片	1.0	2.0	3.0
22	显影剂及氧化物总量	电影洗片	3.0	3.0	6.0
23	元素磷	一切排污单位	0.1	0.1	0.3
24	有机磷农药（以 P 计）	一切排污单位	不得检出	0.5	0.5
25	乐果	一切排污单位	不得检出	1.0	2.0
26	对硫磷	一切排污单位	不得检出	1.0	2.0
27	甲基对硫磷	一切排污单位	不得检出	1.0	2.0
28	马拉硫磷	一切排污单位	不得检出	5.0	10
29	五氯酚及五氯酚钠（以五氯酚计）	一切排污单位	5.0	8.0	10
30	可吸附有机卤化物（AOX）（以 Cl 计）	一切排污单位	1.0	5.0	8.0

续表 4

序号	污 染 物	适用范围	一级标准	二级标准	三级标准
31	三氯甲烷	一切排污单位	0. 3	0. 6	1. 0
32	四氯化碳	一切排污单位	0. 03	0. 06	0. 5
33	三氯乙烯	一切排污单位	0. 3	0. 6	1. 0
34	四氯乙烯	一切排污单位	0. 1	0. 2	0. 5
35	苯	一切排污单位	0. 1	0. 2	0. 5
36	甲苯	一切排污单位	0. 1	0. 2	0. 5
37	乙苯	一切排污单位	0. 4	0. 6	1. 0
38	邻-二甲苯	一切排污单位	0. 4	0. 6	1. 0
39	对-二甲苯	一切排污单位	0. 4	0. 6	1. 0
40	间-二甲苯	一切排污单位	0. 4	0. 6	1. 0
41	氯苯	一切排污单位	0. 2	0. 4	1. 0
42	邻-二氯苯	一切排污单位	0. 4	0. 6	1. 0
43	对-二氯苯	一切排污单位	0. 4	0. 6	1. 0
44	对-硝基氯苯	一切排污单位	0. 5	1. 0	5. 0
45	2, 4-二硝基氯苯	一切排污单位	0. 5	1. 0	5. 0
46	苯酚	一切排污单位	0. 3	0. 4	1. 0
47	间-甲酚	一切排污单位	0. 1	0. 2	0. 5
48	2, 4-二氯酚	一切排污单位	0. 6	0. 8	1. 0
49	2, 4, 6-三氯酚	一切排污单位	0. 6	0. 8	1. 0
50	邻苯二甲酸二丁酯	一切排污单位	0. 2	0. 4	2. 0
51	邻苯二甲酸二辛酯	一切排污单位	0. 3	0. 6	2. 0
52	丙烯腈	一切排污单位	2. 0	5. 0	5. 0
53	总硒	一切排污单位	0. 1	0. 2	0. 5
54	粪大肠菌群数	医院①、兽医院及医疗机构含病原体污水	500 个/L	1000 个/L	5000 个/L
		传染病、结核病医院污水	100 个/L	500 个/L	1000 个/L
		医院①、兽医院及医疗机构含病原体污水	<0. 5②	>3（接触时间≥1h）	>2（接触时间≥1h）
55	总余氯（采用氯化消毒的医院污水）	传染病、结核病医院污水	<0. 5②	>6. 5(接触时间≥1. 5h)	>5(接触时间≥1. 5h)
		合成脂肪酸工业	20	40	—

续表 4

序号	污 染 物	适用范围	一级标准	二级标准	三级标准
56	总有机碳（TOC）	苎麻脱胶工业	20	60	—
		其他排污单位	20	30	—

注：其他排污单位指除在该控制项目中所列行业以外的一切排污单位。

①指 50 个床位以上的医院。

②加氯消毒后须进行脱氯处理，达到本标准要求。

表 5 部分行业最高允许排水量（1998 年 1 月 1 日后建设的单位）

序号	行业类别			最高允许排水量或最低允许排水重复利用率	
1	矿山工业	有色金属系统选矿			水重复利用率 75%
		其他矿山工业采矿、选矿、选煤等			水重复利用率 90%（选煤）
		脉金选矿	重选		$16.0m^3/t$（矿石）
			浮选		$9.0m^3/t$（矿石）
			氰化		$8.0m^3/t$（矿石）
			碳浆		$8.0m^3/t$（矿石）
2	焦化企业（煤气厂）				$1.2m^3/t$（焦炭）
3	有色金属冶炼及金属加工				水重复利用率 80%
4	石油炼制工业（不包括直排水炼油厂） 加工深度分类： A. 燃料型炼油厂 B. 燃料+润滑油型炼油厂 C. 燃料+润滑油型+炼油化工型炼油厂 （包括加工高含硫原油页岩油和石油添加剂生产基地的炼油厂）			A	>500 万吨，$1.0m^3/t$（原油）
					250 万~500 万吨，$1.2m^3/t$（原油）
					<250 万吨，$1.5m^3/t$（原油）
				B	>500 万吨，$1.5m^3/t$（原油）
					250 万~500 万吨，$2.0m^3/t$（原油）
					<250 万吨，$2.0m^3/t$（原油）
				C	>500 万吨，$2.0m^3/t$（原油）
					250 万~500 万吨，$2.5m^3/t$（原油）
					<250 万吨，$2.5m^3/t$（原油）
5	合成洗涤剂工业	氯化法生产烷基苯			$200.0m^3/t$（烷基苯）
		裂解法生产烷基苯			$70.0m^3/t$（烷基苯）
		烷基苯生产合成洗涤剂			$10.0m^3/t$（产品）
6	合成脂肪酸工业				$200.0m^3/t$（产品）
7	湿法生产纤维板工业				$30.0m^3/t$（板）
8	制糖工业	甘蔗制糖			$10.0m^3/t$
		甜菜制糖			$4.0m^3/t$

续表 5

<table>
<tr><th>序号</th><th colspan="3">行业类别</th><th>最高允许排水量或
最低允许排水重复利用率</th></tr>
<tr><td rowspan="3">9</td><td rowspan="3">皮革工业</td><td colspan="2">猪盐湿皮</td><td>60.0m³/t</td></tr>
<tr><td colspan="2">牛干皮</td><td>100.0m³/t</td></tr>
<tr><td colspan="2">羊干皮</td><td>150.0m³/t</td></tr>
<tr><td rowspan="5">10</td><td rowspan="5">发酵酿造工业</td><td rowspan="3">酒精工业</td><td>以玉米为原料</td><td>100.0m³/t</td></tr>
<tr><td>以薯类为原料</td><td>80.0m³/t</td></tr>
<tr><td>以糖蜜为原料</td><td>70.0m³/t</td></tr>
<tr><td colspan="2">味精工业</td><td>600.0m³/t</td></tr>
<tr><td colspan="2">啤酒行业（排水量不包括麦芽水部分）</td><td>16.0m³/t</td></tr>
<tr><td>11</td><td colspan="3">铬盐工业</td><td>5.0m³/t（产品）</td></tr>
<tr><td>12</td><td colspan="3">硫酸工业（水洗法）</td><td>15.0m³/t（硫酸）</td></tr>
<tr><td>13</td><td colspan="3">苎麻脱胶工业</td><td>500m³/t（原麻）
750m³/t（精干麻）</td></tr>
<tr><td rowspan="2">14</td><td rowspan="2">粘胶纤维工业单纯纤维</td><td colspan="2">短纤维（棉型中长纤维、毛型中长纤维）</td><td>300.0m³/t（纤维）</td></tr>
<tr><td colspan="2">长纤维</td><td>800.0m³/t（纤维）</td></tr>
<tr><td>15</td><td colspan="3">化纤浆粕</td><td>本色：150m³/t（浆）；
漂白：240m³/t（浆）</td></tr>
<tr><td rowspan="16">16</td><td rowspan="16" colspan="2">制药工业医药原料药</td><td>青霉素</td><td>4700m³/t</td></tr>
<tr><td>链霉素</td><td>1450m³/t</td></tr>
<tr><td>土霉素</td><td>1300m³/t</td></tr>
<tr><td>四环素</td><td>1900m³/t</td></tr>
<tr><td>洁霉素</td><td>9200m³/t</td></tr>
<tr><td>金霉素</td><td>3000m³/t</td></tr>
<tr><td>庆大霉素</td><td>20400m³/t</td></tr>
<tr><td>维生素 C</td><td>1200m³/t</td></tr>
<tr><td>氯霉素</td><td>2700m³/t</td></tr>
<tr><td>新诺明</td><td>2000m³/t</td></tr>
<tr><td>维生素 B1</td><td>3400m³/t</td></tr>
<tr><td>安乃近</td><td>180m³/t</td></tr>
<tr><td>非那西汀</td><td>750m³/t</td></tr>
<tr><td>呋喃唑酮</td><td>2400m³/t</td></tr>
<tr><td>咖啡因</td><td>1200m³/t</td></tr>
</table>

续表 5

序号	行业类别		最高允许排水量或 最低允许排水重复利用率
17	有机磷农药工业①	乐果②	$700m^3/t$（产品）
		甲基对硫磷（水相法)②	$300m^3/t$（产品）
		对硫磷（P_2S_5 法)②	$500m^3/t$（产品）
		对硫磷（$PSCl_3$ 法)②	$550m^3/t$（产品）
		敌敌畏（敌百虫碱解法）	$200m^3/t$（产品）
		敌百虫	$40m^3/t$（产品） （不包括三氯乙醛生产废水）
		马拉硫磷	$700m^3/t$（产品）
		除草醚	$5m^3/t$（产品）
		五氯酚钠	$2m^3/t$（产品）
18	除草剂工业①	五氯酚	$4m^3/t$（产品）
		二甲四氯	$14m^3/t$（产品）
		2,4-D	$4m^3/t$（产品）
		丁草胺	$4.5m^3/t$（产品）
		绿麦隆（以 Fe 粉还原）	$2m^3/t$（产品）
		绿麦隆（以 Na_2S 还原）	$3m^3/t$（产品）
19	火力发电工业		$3.5m^3$（MW·h）
20	铁路货车洗刷		$5.0m^3$/辆
21	电影洗片		$5m^3$/1000m（35mm 胶片）
22	石油沥青工业		冷却池的水循环利用率 95%

①产品按 100%浓度计。

②不包括 P_2S_5、$PSCl_3$、$PC1_3$ 原料生产废水。

附录三　环境空气质量标准（GB 3095—2012)(摘录)

1　适用范围

1.1　本标准规定了环境空气功能区分类、标准分级、污染物项目、平均时间及浓度限值、监测方法、数据统计的有效性规定及实施与监督等内容。

1.2　本标准适用于环境空气质量评价与管理。

2　规范性引用文件

本标准引用下列文件或其中的条款。凡是不注明日期的引用文件，其最新版本适用于本标准。

GB 8971《空气质量　飘尘中苯并［a］芘的测定　乙酰化滤纸层析荧光分光光度法》；

GB 9801《空气质量　一氧化碳的测定　非分散红外法》；

GB/T 15264《环境空气　铅的测定　火焰原子吸收分光光度法》；

GB/T 15432《环境空气　总悬浮颗粒物的测定　重量法》；

GB/T 15439《环境空气　苯并［a］芘的测定　高效液相色谱法》；

HJ 479《环境空气　氮氧化物(一氧化氮和二氧化氮)的测定　盐酸萘乙二胺分光光度法》；

HJ 482《环境空气　二氧化硫的测定　甲醛吸收-副玫瑰苯胺分光光度法》；

HJ 483《环境空气　二氧化硫的测定　四氯汞盐吸收-副玫瑰苯胺分光光度法》；

HJ 504《环境空气　臭氧的测定　靛蓝二磺酸钠分光光度法》；

HJ 539《环境空气　铅的测定　石墨炉原子吸收分光光度法（暂行）》；

HJ 590《环境空气　臭氧的测定　紫外光度法》；

HJ 618《环境空气　PM10 和 PM2.5 的测定　重量法》；

HJ 630《环境监测质量管理技术导则》；

HJ/T 193《环境空气质量自动监测技术规范》；

HJ/T 194《环境空气质量手工监测技术规范》；

《环境空气质量监测规范（试行)》(国家环境保护总局公告 2007 年第 4 号)；

《关于推进大气污染联防联控工作改善区域空气质量的指导意见》(国办发〔2010〕33号)。

3　术语和定义

下列术语和定义适用于本标准。

3.1　环境空气 ambient air：指人群、植物、动物和建筑物所暴露的室外空气。

3.2　总悬浮颗粒物 total suspended particle（TSP）：指环境空气中空气动力学当量直径小于等于 100μm 的颗粒物。

3.3　颗粒物（粒径小于等于 10μm）particulate matter（PM10）：指环境空气中空气动力学当量直径小于等于 10μm 的颗粒物，也称可吸入颗粒物。

3.4　颗粒物（粒径小于等于 2.5μm）particulate matter（PM2.5）：指环境空气中空气动力学当量直径小于等于 2.5μm 的颗粒物，也称细颗粒物。

3.5　铅 lead：指存在于总悬浮颗粒物中的铅及其化合物。

3.6　苯并[a]芘 benzo[a]pyrene（BaP）：指存在于颗粒物（粒径小于等于 10μm）中的苯并[a]芘。

3.7　氟化物 fluoride：指以气态和颗粒态形式存在的无机氟化物。

3.8　1小时平均 1-hour average：指任何 1h 污染物浓度的算术平均值。

3.9　8小时平均 8-hour average：指连续 8h 平均浓度的算术平均值，也称 8h 滑动平均。

3.10　24小时平均 24-hour average：指一个自然日 24h 平均浓度的算术平均值，也称日平均。

3.11　月平均 monthly average：指一个日历月内各日平均浓度的算术平均值。

3.12　季平均 quarterly average：指一个日历季内各日平均浓度的算术平均值。

3.13　年平均 annual mean：指一个日历年内各日平均浓度的算术平均值。

3.14　标准状态 standard state：指温度为 273K、压力为 101.325kPa 时的状态。本标准中的污染物浓度均为标准状态下的浓度。

4　环境空气功能区分类和质量要求

4.1　环境空气功能区分类。环境空气功能区分为两类：一类区为自然保护区、风景名胜区和其他需要特殊保护的区域；二类区为居住区、商业交通居民混合区、文化区、工业区和农村地区。

4.2　环境空气功能区质量要求。一类区适用一级浓度限值，二类区适用二级浓度限值。一、二类环境空气功能区质量要求见表 1 和表 2。

表 1　环境空气污染物基本项目浓度限值

序号	污染物项目	平均时间	浓度限值		单　位
			一级	二级	
1	二氧化硫（SO_2）	年平均	20	60	μg/m³
		24h 平均	50	150	
		1h 平均	150	500	
2	二氧化氮（NO_2）	年平均	40	40	
		24h 平均	80	80	
		1h 平均	200	200	
3	一氧化碳（CO）	24h 平均	4	4	mg/m³
		1h 平均	10	10	
4	臭氧（O_3）	日最大 8h 平均	100	160	μg/m³
		1h 平均	160	200	
5	颗粒物（粒径小于等于 10μm）	年平均	40	70	
		24h 平均	50	150	
6	颗粒物（粒径小于等于 2.5μm）	年平均	15	35	
		24h 平均	35	75	

表 2　环境空气污染物其他项目浓度限值

序号	污染物项目	平均时间	浓度限值		单　位
			一级	二级	
1	总悬浮颗粒物（TSP）	年平均	80	200	μg/m³
		24h 平均	120	300	
2	氮氧化物（NO_x）	年平均	50	50	
		24h 平均	100	100	
		1h 平均	250	250	

续表 2

序号	污染物项目	平均时间	浓度限值		单 位
			一级	二级	
3	铅（Pb）	年平均	0.5	0.5	μg/m³
		季平均	1	1	
4	苯并［a］芘（BaP）	年平均	0.001	0.001	
		24h 平均	0.0025	0.0025	

4.3 本标准自 2016 年 1 月 1 日起在全国实施。基本项目（表 1）在全国范围内实施；其他项目（表 2）由国务院环境保护行政主管部门或者省级人民政府根据实际情况，确定具体实施方式。

4.4 在全国实施本标准之前，国务院环境保护行政主管部门可根据《关于推进大气污染联防联控工作改善区域空气质量的指导意见》等文件要求指定部分地区提前实施本标准，具体实施方案（包括地域范围、时间等）另行公告；各省级人民政府也可根据实际情况和当地环境保护的需要提前实施本标准。

5 监测

环境空气质量监测工作应按照《环境空气质量监测规范（试行）》等规范性文件的要求进行。

5.1 监测点位布设

表 1 和表 2 中环境空气污染物监测点位的设置，应按照《环境空气质量监测规范（试行）》中的要求执行。

5.2 样品采集

环境空气质量监测中的采样环境、采样高度及采样频率等要求，按 HJ/T 193 或 HJ/T 194 的要求执行。

6 数据统计的有效性规定

6.1 应采取措施保证监测数据的准确性、连续性和完整性，确保全面、客观地反映监测结果。所有有效数据均应参加统计和评价，不得选择性地舍弃不利数据以及人为干预监测和评价结果。

6.2 采用自动监测设备监测时，监测仪器应全年 365 天（闰年 366 天）

连续运行。在监测仪器校准、停电和设备故障，以及其他不可抗拒的因素导致不能获得连续监测数据时，应采取有效措施及时恢复。

6.3　异常值的判断和处理应符合 HJ 630 的规定。对于监测过程中缺失和删除的数据均应说明原因，并保留详细的原始数据记录，以备数据审核。

6.4　任何情况下，有效的污染物浓度数据均应符合表 3 中的最低要求，否则应视为无效数据。

表 3　污染物浓度数据有效性的最低要求

污染物项目	平均时间	数据有效性规定
二氧化硫（SO_2）、二氧化氮（NO_2）、颗粒物（粒径小于等于 10μm）、颗粒物（粒径小于等于 2.5μm）、氮氧化物（NO_x）	年平均	每年至少有 324 个日平均浓度值 每月至少有 27 个日平均浓度值（2 月至少有 25 个日平均浓度值）
二氧化硫（SO_2）、二氧化氮（NO_2）、一氧化碳（CO）、颗粒物（粒径小于等于 10μm）、颗粒物（粒径小于等于 2.5μm）、氮氧化物（NO_x）	24h 平均	每日至少有 20h 平均浓度值或采样时间
臭氧（O_3）	8h 平均	每 8h 至少有 6h 平均浓度值
二氧化硫（SO_2）、二氧化氮（NO_2）、一氧化碳（CO）、臭氧（O_3）、氮氧化物（NO_x）	1h 平均	每小时至少有 45min 的采样时间
总悬浮颗粒物（TSP）、苯并［a］芘（BaP）、铅（Pb）	年平均	每年至少有分布均匀的 60 个日平均浓度值 每月至少有分布均匀的 5 个日平均浓度值
铅（Pb）	季平均	每季至少有分布均匀的 15 个日平均浓度值 每月至少有分布均匀的 5 个日平均浓度值
总悬浮颗粒物（TSP）、苯并［a］芘（BaP）、铅（Pb）	24h 平均	每日应有 24h 的采样时间

附录四　土壤环境质量　农用地土壤污染风险管控标准（试行）（GB 15618—2018）（摘录）

1　适用范围

本标准规定了农用地土壤污染风险筛选值和管制值，以及监测、实施和监督要求。

本标准适用于耕地土壤污染风险筛查和分类。园地和牧草地可参照执行。

2　规范性引用文件

3　术语和定义

下列术语和定义适用于本标准。

3.1　土壤 soil：指位于陆地表层能够生长植物的疏松多孔物质层及其相关自然地理要素的综合体。

3.2　农用地 agricultural land：指 GB/T 21010 中的 01 耕地（0101 水田、0102 水浇地、0103 旱地）、02 园地（0201 果园、0202 茶园）和 04 草地（0401 天然牧草地、0403 人工牧草地）。

3.3　农用地土壤污染风险 soil contamination risk of agricultural land：指因土壤污染导致食用农产品质量安全、农作物生长或土壤生态环境受到不利影响。

3.4　农用地土壤污染风险筛选值 risk screening values for soil contamination of agricultural land：指农用地土壤中污染物含量等于或者低于该值的，对农产品质量安全、农作物生长或土壤生态环境的风险低，一般情况下可以忽略；超过该值的，对农产品质量安全、农作物生长或土壤生态环境可能存在风险，应当加强土壤环境监测和农产品协同监测，原则上应当采取安全利用措施。

3.5　农用地土壤污染风险管制值 risk intervention values for soil contamination of agricultural land：指农用地土壤中污染物含量超过该值的，食用农产品不符合质量安全标准等农用地土壤污染风险高，原则上应当采取严格管控措施。

4 农用地土壤污染风险筛选值

4.1 基本项目

农用地土壤污染风险筛选值的基本项目为必测项目，包括镉、汞、砷、铅、铬、铜、镍、锌，风险筛选值见表1。

表1 农用地土壤污染风险筛选值（基本项目） (mg/kg)

序号	污染物项目①②		风险筛选值			
			pH≤5.5	5.5<pH≤6.5	6.5<pH≤7.5	pH>7.5
1	镉	水田	0.3	0.4	0.6	0.8
		其他	0.3	0.3	0.3	0.6
2	汞	水田	0.5	0.5	0.6	1.0
		其他	1.3	1.8	2.4	3.4
3	砷	水田	30	30	25	20
		其他	40	40	30	25
4	铅	水田	80	100	140	240
		其他	70	90	120	170
5	铬	水田	250	250	300	350
		其他	150	150	200	250
6	铜	水田	150	150	200	200
		其他	50	50	100	100
7	镍		60	70	100	190
8	锌		200	200	250	300

①重金属和类金属砷均按元素总量计。

②对于水旱轮作地，采用其中较严格的风险筛选值。

4.2 其他项目

4.2.1 农用地土壤污染风险筛选值的其他项目为选测项目，包括六六六、滴滴涕和苯并［a］芘，风险筛选值见表2。

4.2.2 其他项目由地方环境保护主管部门根据本地区土壤污染特点和环境管理需求进行选择。

表2 农用地土壤污染风险筛选值（其他项目） (mg/kg)

序号	污染物项目	风险筛选值
1	六六六总量①	0.10

续表 2

序号	污染物项目	风险筛选值
2	滴滴涕总量②	0.10
3	苯并［a］芘	0.55

①六六六总量为α-六六六、β-六六六、γ-六六六、δ-六六六四种异构体的含量总和。

②滴滴涕总量为p，p′-滴滴伊、p，p′-滴滴滴、o，p′-滴滴涕、p，p′-滴滴涕四种衍生物的含量总和。

5　农用地土壤污染风险管制值

农用地土壤污染风险管制值项目包括镉、汞、砷、铅、铬，风险管制值见表3。

表3　农用地土壤污染风险管制值　（mg/kg）

序号	污染物项目	风险管制值			
		pH≤5.5	5.5<pH≤6.5	6.5<pH≤7.5	pH>7.5
1	镉	1.5	2.0	3.0	4.0
2	汞	2.0	2.5	4.0	6.0
3	砷	200	150	120	100
4	铅	400	500	700	1000
5	铬	800	850	1000	1300

附录五 声环境质量标准（GB 3096—2008）(摘录)

1 适用范围

本标准规定了五类环境功能区的环境噪声限值及测量方法。

本标准适用于声环境质量评价与管理。

机场周围区域受飞机通过（起飞、降落、低空飞越）噪声的影响，不适用于本标准。

2 规范性引用文件

本标准内容引用了下列文件或其中的条款。凡是不注日期的引用文件，其有效版本适用于本标准。

GB 3785 声级计电、声性能及测试方法；

GB/T 15173 声校准器；

GB/T 15190 城市区域环境噪声适用区划分技术规范；

GB/T 17181 积分评价声级计；

GB/T 50280 城市规划基本术语标准；

JTG B01 公路工程技术标准。

3 术语和定义

下列术语和定义适用于本标准。

3.1 A声级 A-weighted sound pressure level：用A计权网络测得的声压级，用 L_A 表示，单位dB(A)。

3.2 等效连续A声级 equivalent continuous A-weighted sound pressure level： 简称为等效声级，指在规定测量时间 T 内A声级的能量平均值，用 L_{Aeq}，T 表示，（简写为 L_{eq}），单位dB(A)。除特别指明外，本标准中噪声值皆为等效声级。

3.3 昼间等效声级 day-time equivalent sound level、夜间等效声级 night-time equivalent sound level：在昼间时段内测得的等效声级A声级称为昼间等效声级。用 L_d 表示，单位dB(A)。在夜间时段内测得的等效声级A声级称为夜间等效声级。用 L_n 表示，单位dB(A)。

3.4 昼间 day-time、夜间 night-time：根据《中华人民共和国噪声污染防治法》，“昼间”是指6：00至22：00的时段，“夜间”是指22：00至次日6：00的时段。

县级以上人民政府为环境噪声污染防治的需要（如考虑时差、作息习惯差异等）而对昼间、夜间的划分另有规定的，应按其规定执行。

3.5　最大声级 maximum sound level：在规定测量时间内对频发或偶发噪声事件测得的A声级最大值，用L_{max}表示，单位dB(A)。

3.6　累积百分声级 percentile sound level：用于评价测量时间段内噪声强度时间统计分布特征的指标，指占测量时间段一定比例的累积时间内A声级的最小值，用L_N表示，单位为dB(A)。最常用的是L_{10}、L_{50}和L_{90}，其含义如下：

L_{10}——在测量时间内有10%的时间A声级超过的值，相当于噪声的平均峰值。

L_{50}——在测量时间内有50%的时间A声级超过的值，相当于噪声的平均中值。

L_{90}——在测量时间内有90%的时间A声级超过的值，相当于噪声的平均本底值。

如果数据采集是按等间隔时间进行的，用L_N也表示有N(%)的数据超过的噪声级。

3.7　城市 city、城市规划区 urban planning area：城市是指国家按行政建制设立的直辖市、市和镇。由城市市区、近郊区以及城市行政区域内其他因城市建设和发展需要实行规划控制的区域，为城市规划区。

3.8　乡村 rural area：乡村是指除城市规划区以外的其他地区，如村庄、集镇等。村庄是指农村村民居住和从事各种生产的聚居点。集镇是指乡、民族乡人民政府所在地和经县级人民政府确认由集市发展而成的作为农村一定区域经济、文化和生活服务中心的非建制镇。

3.9　交通干线 traffic artery：指铁路（铁路专用线除外）、高速公路、一级公路、二级公路、城市快速路、城市主干路、城市次干路、城市轨道交通线路（地面段）、内河航道。应根据铁路、交通、城市等规划确定。以上交通干线类型的定义参见附录A。

3.10　噪声敏感建筑物 noise-sensitive buildings：指医院、学校、机关、科研单位、住宅等需要保持安静的建筑物。

3.11　突发噪声 burst noise：指突然发生、持续时间较短、强度较高的噪声。如锅炉排气、工程爆破等产生的较高噪声。

4 声环境功能区分类

按区域的使用功能特点和环境质量要求，声环境功能区分为以下五种类型：

0类声环境功能区：指康复疗养区等特别需要安静的区域。

1类声环境功能区：指以居民住宅、医疗卫生、文化体育、科研设计、行政办公为主要功能，需要保持安静的区域。

2类声环境功能区：指以商业金融、集市贸易为主要功能，或者居住、商业、工业混杂，需要维护住宅安静的区域。

3类声环境功能区：指以工业生产、仓储物流为主要功能，需要防止工业噪声对周围环境产生严重影响的区域。

4类声环境功能区：指交通干线两侧一定区域之内，需要防止交通噪声对周围环境产生严重影响的区域，包括4a类和4b类两种类型。4a类为高速公路、一级公路、二级公路、城市快速路、城市主干路、城市次干路、城市轨道交通（地面段）、内河航道两侧区域；4b类为铁路干线两侧区域。

5 环境噪声限值

5.1 各类声环境功能区使用于表1规定的环境噪声等效声级限值。

表1 环境噪声限值 (dB(A))

声环境功能区类别		时段	
		昼间	夜间
0类		50	40
1类		55	45
2类		60	50
3类		65	55
4类	4a类	70	55
	4b类	70	60

5.2 表1中4b类声环境功能区类别环境噪声限值，适用于2011年1月1日起环境影响评价文件通过审批的新建铁路（含新开廊道的增建铁路）干线建设项目两侧区域。

5.3 在下列情况下，铁路干线两侧区域不通过列车时的环境背景噪声限值，按昼间 70dB(A)、夜间 55dB(A) 执行。

a）穿越城区的既有铁路干线；

b）对穿越城区的既有铁路干线进行改建、扩建的铁路建设项目。

既有铁路是指 2010 年 12 月 31 日前已建成运营的铁路或环境影响评价文件已通过审批的铁路建设项目。

5.4　各类声环境功能区夜间突发噪声，其最大声级超过环境噪声限值的幅度不得高于 15dB(A)。

6　声环境功能区的划分要求

6.1　城市声环境功能区的划分

城市区域应按照 GB/T 15190 的规定划分声环境功能区，分别执行本标准规定的 0、1、2、3、4 类声环境功能区环境噪声限值。

6.2　乡村声环境功能的确定

乡村区域一般不划分声环境功能区，根据环境管理的需要，县级以上人民政府环境保护行政主管部门可按以下要求确定乡村区域适用的声环境质量要求：

a）位于乡村的康复疗养区执行 0 类声环境功能区规定；

b）村庄原则上执行 1 类声环境功能区要求，工业活动较多的村庄以及有交通干线通过的村庄（指执行 4 类声环境功能区要求以外的地区）可局部或全部执行 2 类声环境功能区要求；

c）集镇执行 2 类声环境功能区要求；

d）独立于村庄、集镇之外的工业、仓储集中区执行 3 类声环境功能区要求；

e）位于交通干线两侧一定距离（参考 GB/T 15190 第 8.3 条规定）内噪声敏感建筑物执行 4 类声环境功能区要求。

7　标准的实施要求

本标准由县级以上人民政府环境保护主管部门负责组织实施。

为实施本标准，各地应建立环境噪声监测网络与制度、评价声环境质量状况、进行信息通报与公示、确定达标区和不达标区、制订达标区维持计划与不达标区削减计划，因地制宜改善声环境质量。

参考文献

[1] 郑仕远．化学实验技能训练与图析 [M]. 成都：四川大学出版社，2013.
[2] 奚旦立．环境监测实验 [M]. 北京：高等教育出版社，2019.
[3] 孙成．环境监测实验 [M]. 北京：科学出版社，2010.
[4] 李光浩．环境监测实验 [M]. 武汉：华中科技大学出版社，2010.
[5] 王罗春，郑坚，齐雪梅．环境监测实验 [M]. 北京：中国电力出版社，2018.
[6] 张仁志．环境综合实验 [M]. 北京：中国环境科学出版社，2007.
[7] 郑力燕，王佳楠，王喆．环境监测实验教程 [M]. 天津：南开大学出版社，2014.
[8] 吉芳英，高俊敏，何强．环境监测实验教程 [M]. 重庆：重庆大学出版社，2015.
[9] 陈建荣，王方园，王爱军．环境监测实验教程 [M]. 北京：科学出版社，2014.
[10] 生态环境部．生态环境标准 [J/OL]. https：//www.mee.gov.cn/ywgz/fgbz/bz.